预感

你的第六感准不准

陈晨 / 著

中国华侨出版社
·北京·

图书在版编目（CIP）数据

预感：你的第六感准不准 / 陈晨著 .—北京：中国华侨出版社，2018.3
ISBN 978-7-5113-7359-5

Ⅰ . ①预… Ⅱ . ①陈… Ⅲ . ①感官生理心理－通俗读物
Ⅳ . ① B845.2-49

中国版本图书馆 CIP 数据核字（2018）第 019020 号

预感：你的第六感准不准

著　　者 / 陈　晨
责任编辑 / 晓　棠
责任校对 / 高晓华
经　　销 / 新华书店
开　　本 / 880 毫米 ×1230 毫米　1/32　印张 / 9　字数 /220 千字
印　　刷 / 北京溢漾印刷有限公司
版　　次 / 2018 年 3 月第 1 版　2018 年 3 月第 1 次印刷
书　　号 / ISBN 978-7-5113-7359-5
定　　价 / 36.00 元

中国华侨出版社　北京市朝阳区静安里 26 号通成达大厦 3 层　邮编：100028
法律顾问：陈鹰律师事务所
编辑部：（010）64443056　　64443979
发行部：（010）64443051　　传真：（010）64439708
网　　址：www.oveaschin.com
E-mail：oveaschin@sina.com

前言

第六感到底是什么？它是真实存在的吗？

第六感是一种隐形武器，是标准名称"超感官知觉"的俗称。人们在这种"超感官知觉"的作用下，能够透过正常感官之外的渠道接收信息，能预知将要发生的事情。所谓的第六感，就是人类除了听觉、视觉、嗅觉、触觉、味觉之外的第六感——"心觉"。真实的第六感其实是常人的感官天生功能，每个人与生俱来都具有一种神秘的第六感！

在大量的心理学的研究试验中，已经有越来越多的证据证实了第六感的存在，它不再是一个玄而又玄的东西，而是作为一种潜意识活动对人们的生活产生一种神奇的力量，帮助人们感知世界、认识生活、激发潜能。

第六感是一种与生俱来的直觉，是一种心灵的感应。若要放大这种直觉和灵感，我们必须以积极、肯定的态度去向它靠近，主动思考，主动和心灵沟通，不断以一种积极的暗示塑造全新的自我，于是我们便会接近我们的这种"超能力"，在生活的各种活动中，便会受到这种直觉的指引，产生心灵感应，并采取与之相对应的思考方式，摒弃旧思想，创立新的生活模式。

无论你的过去如何，都要正确对待，身心放松，抛下恐惧、消极、绝望，拥抱宽容、积极、希望，在冥想中倾听内心真实的声音，用真诚和赞美的语言对待身边的人和事，你就能收获快乐的力量。大胆地跟着感觉走吧，分享你的灵感，做一个热爱生活的人，用你的第六感享受人生。

本书通过大量事例的佐证，向读者真实生动地展现了来自心灵深处的第六感。本书教授读者如何用积极心态与心灵交流，通过关注身心细微的变化，在第六感的作用下以一种全新的思维模式思考身边的人和事。通过对这种神秘力量的运用，人们能够更好地认识自己，调整自己，改变自己，活出一个全新的乐观积极的自我，获得人生真正的幸福和快乐，实现梦寐以求的目标和梦想。

目录

contents

第一章　源自内心的一种不可思议的力量

第一节　第六感：内心的直觉 / 003

第二节　决定人生的第六感 / 007

第三节　第六感的神奇力量 / 012

第四节　暗示的魔力 / 015

第五节　"自我"的精神力量 / 019

第二章　第六感的解码

第一节　"恶魔"的本质 / 025

第二节　解码无意识，感知第六感 / 028

第三节　四个心理功能，四种第六感 / 035

第四节　心电感应，来自心灵的力量 / 045

第五节　第六感的色彩 / 050

第六节　第六感告诉你适合哪类工作 / 063

 **第三章 驯服第六感，做心灵花园的主人**

第一节 向潜意识传达我们的命令 / 073
第二节 潜能量的控制 / 077
第三节 激活自信、乐观的第六感 / 080
第四节 不断强化升级"成功第六感" / 084

 **第四章 第六感中的可怕光环**

第一节 晕轮效应是把"双刃剑" / 093
第二节 从苹果公司看晕轮效应 / 097
第三节 "反骨"的标签 / 101
第四节 不同色彩的晕轮 / 104
第五节 巧用第六感，走出"晕轮"误区 / 106

 **第五章 第六感：人际关系的密钥**

第一节 驱除潜意识中的心理障碍 / 113
第二节 调度渴望的力量 / 119

第三节 走出意识的"黑房子" / 122

第四节 "29分钱"的故事 / 127

第六章　建立快乐积极的第六感

第一节 与心灵对话 / 137

第二节 拒绝虚伪，活出真实的自己 / 142

第三节 启动放下过去的心理机制 / 145

第四节 暗示：触发潜能的释放 / 148

第五节 重塑全新的自己 / 152

第六节 在沟通之前，正视内心的恐惧 / 155

第七章　塑造他人的第六感印象

第一节 制造神秘第六感 / 161

第二节 在矛盾中塑造的第六感 / 166

第三节 印象洗脑法 / 169

第四节 制造层次感，建立深刻第六感印象 / 175

第五节 1个优点和10个优点 / 179

第六节 策略性地用"瑕疵"凸显你的优点 / 181

女性在婚恋中的第六感

第一节　女人的直觉　/　189

第二节　潜意识中的理想异性原型　/　193

第三节　爱情对对碰，找到心灵的归宿　/　196

第四节　你离婚姻殿堂有多远　/　199

第五节　两性间不同的潜意识需求　/　204

第六节　建立双向沟通的桥梁　/　208

第六感的幸福体验

第一节　幸福的条件　/　213

第二节　用第六感进行职业定位　/　216

第三节　穿过消极暗示的"墙"　/　230

第四节　接受现实，沿着正确的轨迹向前走　/　233

第五节　内心的满足：幸福和快乐的来源　/　235

第十章 二十八周，锻炼开发你的第六感

第一周　从照顾自己的身体开始　/　241

第二周　户外运动，扫除身体的有害能量　/　242

第三周　让心灵与身体沟通，拉近身心一体　/　243

第四周　放松身心，做逍遥自在人　/　246

第五周　冥想：倾听内心的声音　/　247

第六周　分辨戏中戏外，理智看待生活中的人和事　/　248

第七周　使用赞同、宽容和幽默的语言　/　250

第八周　创造良好的心灵感应，消除负面能量　/　252

第九周　健康的心态，吸引更多更好的事物　/　253

第十周　大胆地跟着感觉走　/　255

第十一周　清除一切不利于自己的因素　/　256

第十二周　放开过去，找到新的人生体会　/　258

第十三周　记录瞬间的心灵感应　/　259

第十四周　仔细倾听自己的感觉　/　260

第十五周　寻找心灵盟友　/　261

第十六周　分享你的灵感　/　262

第十七周　在模仿中再创造 / 263

第十八周　关注心灵给予的回馈 / 264

第十九周　对美好抱以期待，相信好运的降临 / 265

第二十周　做一个热爱生活的人 / 267

第二十一周　乐观并积极的生活态度 / 267

第二十二周　用更高级的自我主宰潜意识 / 269

第二十三周　学习透过表面看本质 / 270

第二十四周　用"美"的眼睛发现美的事物 / 271

第二十五周　用笑声激活第六感 / 272

第二十六周　让自己变成一个艺术家 / 273

第二十七周　感受身体肌肉的微妙反应 / 275

第二十八周　学会爱与被爱，感受心灵的力量 / 276

———第一章———

源自内心的一种不可思议的力量

第六感并不纯粹是一种被动的感觉,
只要我们加以适当的暗示和训练,
它就能回馈给你以神奇的力量,
借助这种力量,
你就可以更接近于你梦寐以求的成功。

第一节
第六感：内心的直觉

人的内心世界是丰富多彩的，其中内心深处的感觉更是瞬息万变，在面对各种各样的人或事时，我们第一个反应往往不是理性的判断，而是内心的直觉。这种直觉，既不是来自于五官的感受，也不是来自于大脑的分析判断，它就是在五感之外的"第六感"。

三国时曹操挟天子以令诸侯，雄踞中原。某次匈奴使臣前来拜见曹操，曹操很在意此事，想在面谈中展示一下天朝威仪，震慑匈奴来使。但是曹操又觉得自己长得不够英俊，一眼看上去不是特别唬人，怕一下子镇不住来使。于是他就想了个主意，找了个叫崔季珪的帅哥假扮成他来接见来使，然后自己提刀立在旁边，扮成卫兵模样。

曹操这边请完客，匈奴来使那边唱完各种颂词之类的，再互赠点礼品土特产什么的就打道回府了。曹操想知道自己这主意的效果，于是就派人去刺探匈奴来使对魏王曹操的评价。来使说：魏王的气质很不一般啊，但是旁边那个带刀侍卫更有英雄气概！曹操听完大吃一惊，心道此人直觉如此敏锐，真是个人才啊！

例中匈奴来使的判断，正是基于第六感的直觉。

我们在做某件事情时，常常会有这种体验：在做之前，就会有一种能否做好的直观判断，这种判断既非来自于外在的某种暗示，也非来自于自己的意识判断，这就是我们所说的第六感。有些人的这种第六感非常敏锐、准确，事情的结果往往与其第六感非常吻合。无疑，具有这种能力的人，更能把事情做好。大多数人也许认为，第六感是与生俱来的，能否拥有良好的第六感，完全靠"天生""遗传"，其实事实并非如此，我们的第六感都是可以通过后天的训练来逐步提高的。举个例子来说，即使天生没有很高的篮球运动天赋的人，通过后天不断的训练，他的"球感"也会得到相应的提高，而通过锻炼来强化自己第六感的原理也正是如此。

第六感在现代心理学的研究中已不再是一个玄而又玄的东西，它是有着切实的心理学研究作支撑的。

自19世纪开始，心理学的研究重点越来越偏重于意识的深层，由此对意识的活动便有了更加细致的分类。在现代心理学中，人的精神活动被分为意识和潜意识两个层面。潜意识与意识定义方法不同，意识有明确的内涵，而潜意识则是一个集合的笼统界定，不能意识到的意识统统称为潜意识。第六感即是属于潜意识范畴内的。

在一般理解上，"第六感"这个词与"直觉"大致吻合，主要是指没有使用五官反射作用的感觉，它和"潜意识"这个词在定义方法上是相同的，都是一个集合的排除法界定。

在现代心理学中，意识是指通过五种感官：听觉、视觉、味觉、嗅觉和触觉来接收外界的刺激，然后整理分析，最后形成认识。而潜意识则会接受到更多被意识层面所遗漏的东西，它们不是透过语言或逻辑推理而得。这些讯息经年累月地储存在脑子里，慢慢积累成我们很少察觉到的潜意识。当它们浮现到意识层面、成为一种可辨认的感觉时，就是我们所说的"第六感"。也就是说，第六感是潜意识的漂浮物，并且是可以通过意识辨认的漂浮物。

第六感是人类所独有的，一棵树不会意识到自己是棵树，一只蛐蛐不可能知道自己是只蛐蛐；一只灵长类的猩猩可能会有意识，会有一定的智力行为，但是它却不能像人一样调动并积累各种感性经验，猩猩会有本能的反应，却没有来自潜意识领域的漂浮物——第六感。

在理解第六感并想要进一步训练掌握第六感的"恶魔法则"时，首先必须强调的一点是我们每个人都应该明确一下"自我意识"。我们也许每天都会无数次地使用"我"这个词，却从来没有想过，能够产生"我"这个概念，是上天给予人类的莫大恩赐。

我们每个人都有自我意识，但并不是每个人都能够清楚地认识到自己有可以调动的自我意识。

关于这个问题，还真的曾有科学家做过实验，结果十分有意思。科学家选出一只平时生活十分正常的成年狗，把它放在镜子面前，观察它的反应。结果是它并不会意识到那是它自己，因为它先是对镜子里的那个家伙感到好奇，可是过了一阵之后，竟然冲镜子里的"它"发怒了。可见作为已经到了相当高等的脊椎动物的狗，却也没有自我意识的产生。相信养过小狗、小猫的读者都会有过类似的体验，梳妆镜里面的某只小狗、小猫的动作，经常能够引起它自己的敌意或醋意，而它却浑然不知镜子里的就是自己。

与之相对的是人类的自我意识产生。生物学家在一批两三岁的小孩的额头上点一个红点，然后把他们依次放在一个镜子前面。绝大多数小孩在看到红点之后的选择是用手指着自己的额头，而去触摸镜子里红点的小孩比例是很低的，这就是人类对于自我最原始的认知。

生物进化是一个漫长的过程，从单细胞动物开始，历经原生动物、腔肠动物、扁形动物、线形动物、环节动物等，一直到人类，换句话说，只有人类，还有极少量的人类祖先——灵长类动物，具有自我的概念或意识。

而现在，对潜意识和作为潜意识的漂浮物第六感的认识，又让人类的认知水平提升了一大步。

著名的美国盲聋女作家海伦·凯勒1880年6月27日出生在美国亚拉巴马州，她原为健康的婴儿，却在19个月大的时候患上了急性脑炎，从此失去了听觉和视觉。然而，她仍然努力地保持着和外界的联系，运用自己的手语和家庭成员交流。但是，随着年岁的增长，这样的交流不再能满足她，她的脾气开始变得暴躁。海伦6岁时，她的父母为她请了安妮·莎莉文老师作为海伦·凯勒的启蒙导师。在安妮·莎莉文老师的帮助下，海伦竟然奇迹般地掌握了英、法、德等五国语言，最终完成了她的《假如给我三天光明》《我的生活》等一系列著作，并致力于为残疾人造福的崇高事业，参与建立了多处慈善机构，被美国《时代周刊》评为美国的十大英雄偶像之一。

我们提及此例，是因为海伦·凯勒很典型地表现了第六感的力量。人的前五感，她失去了最重要的两个，听不到，看不到，这样怎么交流，这样怎么活下去？难道只能靠手去感知，靠嘴巴去品尝，靠鼻子去闻么？显然，海伦的成功并不完全依赖于她所剩下的三个感觉，而是来源于她的内心，她的心觉，即第六感。是的，第六感，就是你的本心，就是你对自己、对整个世界最原始的感知。它所蕴含的潜能与力量，远远超乎了我们的想象。

海伦为什么在之前变得越来越暴躁？很简单，她虽然不能看、不能听，但是她却用自己的第六感感觉到自己和这个世界的隔膜，感觉到自己正在逐渐被割裂出去。安妮·莎莉文老师又是怎样去改变她的呢？她靠的同样是内心的直觉，是超脱于五感之外的第六感。莎莉文老师把自己的爱和自己的消息通过第六感准确地传达给了当时只有6岁的海伦·凯勒，从而改变了她的一生。

对于利用第六感去传递信息的能力，其实每个人都有。莎莉文老师在接近海伦、向她传达信息时，可能更多的只能把自己的第六感融入拥抱和接触里，但是我们却有更多的途径去传播我们的本心给其他人，因此我们有更多的条件，也有更大的必要，去学习和掌握第六感的原理。

第二节
决定人生的第六感

人是具有社会性的，甚至在某些学科中，直接把人定义为：社会关系的总和。人的社会关系是由其社会行为所决定的，而每个人的行为又是由他的大脑决策并指令做出的，所以说，人的行为都是自己大脑的思想产物，思想不容置疑地决定了一个人的命运。

我们知道，第六感是潜意识的漂浮物，而潜意识来源于意识的各种细微积累。大脑的判断习惯、思维方式，都构成了潜意识的积累物，有了这些积累物，才积水成渊，组成了深不可测的潜意识，也从而构成了第六感的来源。

在一家花店的门口放着一个花圈，有些人的思维反应是：好美丽的鲜花；而另一些人则想到的是冷冰冰的墓碑。也许你觉得这只不过是各人一时心态的不同使然。这么理解当然没错，但正是这不同的心态和大脑的思想反应，为你的第六感积累了不同的潜意识素材。如果你看到鲜花想起的是墓碑，那么，在以后遇到类似的事物时，你的第六感作出的就更可能是接近于悲观的判断，继而导致你走向悲观的结果。有句话说得好：乐观的心态可能做出失败的事情，但悲观的心态则一定做不出成功的事情。所以说，为你的第六感积累怎样的潜意识素材，是非常重要的。

我们的眼睛或其他感官所看见的和感受到的，往往并非是事物的全貌，因为对于人来说，我们往往都只想要自己心里所期望的东西，对别的东西根本不想看或看不到——就像面对花店前的花圈，有些人只能看到花圈背后或许根本就不存在的墓碑——即使有些时候看到了，也因为违背了心里的期待，而故意忽视或刻意淡化它。事物本身是没有变化的，能变的是我们自己，我们大脑的思想和在大脑指令下做出的行为。

法国大作家巴尔扎克曾说："一个能思想的人，才真正是一个力量无边的人。"

概括来说就是一个人的思想决定了他的态度，态度决定了行动，行动养成了习惯，习惯塑造了性格，性格决定了命运。而第六感在这其中，直接影响着思想，左右着行动。

一个人只有想到什么了，才有可能干成什么。这里所说的"想"，正是人生的灵魂，它是一个人潜意识和意识的集中体现，是人的五感及第六感共同触动后的产物。有着怎样的"想",就有可能成为什么样的人。正面的"想"能让你成为一个正面的人,负面的"想"能让你成为一个负面的人,邪恶的"想"能让你成为一个邪恶的人,伟大的"想"成就一个人的伟大,平凡的"想"决定一个人的平凡。整个世界都是人类思想的产物,世界之所以有飞机,是因为人想到了飞翔;世界之所以有战争,是因为人想到了掠夺。

20世纪的一项重大发现就是人们开始认识到思想能够控制行动,潜能可以掌握命运。一个人怎样思考,相应地就会有怎样的行动;一个人潜能开发的大小,直接决定了他能达到的高度。

知道了这些已足以帮助人们来塑造自己的人生,不同的人生,具体就要看思想的对错和化思想为行动的能力的强弱了。

现实中我们能看到这样一种人,他们总是雄心满满的样子,满脑子都是惊天动地的大计划,在空想的楼阁中恣意挥洒,但是一到行动上就不是那么回事了,他们从来不善于采取行动,是不折不扣的思想上的巨人,行动上的矮子,一生难得成功的真谛。

有一位经纶满腹的教授,他与一位超市中的普通工人为邻。尽管两人地位悬殊,知识水平和性格都有着很大的差别,但是两人都对现状不满,都希望有一天能更加富有。他们两人经常凑在一块儿下棋聊天,教授总是泡上一壶茶,一边下棋,一边大谈自己的致富经,说着各种巧妙的商业计划。工人很敬仰教授的学识,非常认真地听取教授的巧妙设想,而且他凭着仅有的一些资源,开始慢慢践行教授的设想。

若干年后工人成了百万富翁,而教授还在空谈他的致富理想——这事该怎么做,那事该如何策划。

有了好的思想，行动起来是不能打折扣的，因为没有行动的支撑，再好的思想也只能沦为空想。积累出积极的潜意识，训练出良好的第六感，锻炼出正确的思维方式，这一切的价值所在就是将其转化为实际行动。

美国的钢铁大王卡内基曾说：我所学到的最重要的一样东西，就是明白了想法是人最重要的东西。如果我了解你的想法，我就能知道你是个怎样的人——因为你就是自己思想的产物。只有改变想法，我们才能改变人生。

有位名叫高强的成功的海外创业人，当年他之所以决定离开可以让他平凡安逸地度过一生的江南小镇，就是因为他听到了自己内心的第六感——在平凡安逸的日子里，他总能感到自己那颗跃动不安的心，原先他的想法是，这种不安应该压制，过段时间就好了。但是这种不安分的感觉越来越强烈了，直到有一天，他决定改变自己的想法，他要改变自己的命运，听随内心的声音，去看一看、闯一闯外面更广阔的世界。就是这样一个初衷，让他迈开了海外创业之路的第一步，是他的思想，而不是载他漂洋过海的巨轮，载着他跨过大洋，去了纽约。

初到纽约的高强，人生地不熟，再加上自己的准备又不是特别充分，他一度惨到露宿街头的地步。困难和压力压迫得他只想逃回安逸的江南小镇，但是他内心的第六感强有力地在那里鼓励着他：困难只是一时的，坚持住，你一定可以挺过去的，机会就在不远的明天。

终于，高强凭着自己的一些语言优势，获得了Ｓ公司亚洲区营销总监路易斯先生的青睐,成为了路易斯先生的助理,为路易斯先生开展亚洲营销业务做一些翻译工作。

一开始高强只是做一些汉语的翻译工作,后来他又在业余时间拾起了自己在大学时学过的一点日语、韩语底子,渐渐也能把日韩翻译工作负责起来,他的进步获得了路易斯先生的认可。

经过了两年多的历练,高强和路易斯已成为了同事兼朋友的关系。有一天,路易斯忽然建议高强说:"你为什么不自己成立一家公司呢?美国有很多公司需要这样的传媒机构,需要一个精通亚洲事务的广告平台,你正好可以做一个这样的公司啊。"

听了路易斯的建议,高强的第一反应——也就是他的第六感直接传达给他的信号就是:对啊!但是出于谦虚和谨慎的考虑,高强说:"啊,我能行吗?"

路易斯惊讶地说:"你怎么会问这样的问题?为什么不行呢?"

是啊,为什么不行呢!高强微笑着向路易斯满怀感激地点了点头。

两周后,高强带着一份简洁完善的商业计划书,开始奔走于各大投资商之间。在他为拉到风险投资而大费口水时,他知道,自己的命运并非由自己手里的计划书和投资公司负责人的支票决定的,他的命运紧紧地握在自己的手里,他的命运已从自己听从第六感的召唤,改变自己的思想的那一刻起就发生了质的变化。

如果一个人的想法有了激烈的改变,他就会惊讶地发现,生活中的状况也会有急速的改变。人的内心都有一种神奇的力量,那就是我们的思想;在人的五感之外还有一种神奇的感觉,那就是第六感。所有的人都是思想的产物,每个人都有的第六感,正是自己思想的最直接的传达方式。第六感所传达给你的，正是你的思想带给你的足以改变世界的力量。

第三节
第六感的神奇力量

说出来你肯定会有所质疑，但是没错：你想要什么，便会得到什么！因为我们每个人都是一块存储着巨大磁场的磁铁，第六感会将你的引力向外伸张，将你所想要的东西吸引过来。

在潜意识的支撑下，第六感能够控制我们的大脑，它能给出所有问题的解决办法，并能给我们以最直接、快捷的处理建议，接受它的指令，我们往往能做出最有效的决断。

例如，在你过生日的时候，当朋友给你送上一个礼盒时，你的第六感会在第一时间告诉你它是一个惊喜：不管是一个精美的蛋糕，还是一个会弹出来吓你一跳的鬼脸，总之，你的第六感会非常明确地传达给你惊喜的信号。

第六感并不纯粹是一种被动的感觉，只要我们加以适当的暗示和训练，它就能回馈给你以神奇的力量，借助这种力量，你就可以更接近于你梦寐以求的成功。

我们知道第六感是潜意识的漂浮物，那么训练第六感的一个方法就是"塑造"潜意识，为你的潜意识写出各种能够满足自己诉求的方程式，这样你就能够体验到第六感的神奇力量。比如，有不少潜意识的开发专家都向人们建议：如果你想开发自己的潜能，你最好反复向你的潜意识诉说具体的请求。这种方式是符合第六感的工作原理的，因为你印刻到潜意识中的各种观念，最终都会以第六感的形式传达给你，从而直接影响你的实际经历，也能让你与周围的环境互动，从而发挥出第六感的张力和引力，帮助你实现那些或大或小的诉求。

仅仅满足于此还是不够的，第六感的神奇还体现在它强烈的内在关注倾向。我们内心的所思所想，都会转化为左右第六感的潜意识，最终都会直接影响我们的判断和行动。因此，可以这么说：你有什么样的思想，就会有什么样的潜意识，就会形成什么样的第六感，所以我们千万要注意自己的思想，即便是一些琐碎的小事，也要偏重关注于它的可行性、积极性，而不是关注事情的负面，这样你才可能形成积极的第六感，最终积少成多，走上成功的大道。

如果一个人将注意力集中在挫折、失败上，他得到的往往是与此相对应的失败、伤心，长此以往，他的第六感就变成了一个预报坏事的"乌鸦嘴"：每当要做一件事时，他的第六感就会冒出不祥的可能，继而把事情往不好的方向引导。

季涛是某高校的一位高才生，毕业那年只身前往美国，抱着一个创业的梦想，立志在美国做出全世界最好的商业管理软件然后申请专利，然后开公司，最后再杀回中国，做一个跨国大公司。

但是他却一直在一个快餐店里洗盘子。

说起原因，季涛心中充满了无奈。他到美国获得的第一个机会是去微软面试，同时去面试的还有一位他的室友，同是国内名牌大学的毕业生。但是，就在他去面试的前一天夜里，他的第六感觉得有不祥的结果,心中烦闷的他便去外面喝酒解闷,还吃了一些没见过的东西。结果当天夜里他严重腹泻,整夜没得安生,第二天又睡过了时间,晚起了一个小时。当他挂着黑眼圈匆匆赶到微软公司时,面试已经结束,自然,被录取的不是他,而是他的室友。

说起来也怪,从此以后,季涛的人生灾难接踵而至,他在每次机会到来时,都因预感的不祥而惨遭挫败。受挫感越来越重,在他的眼中,世界成了黑色的,原先他心目中的美国是创业者的天堂,现在却成了他的地狱,就连他手中所洗的盘子,在他眼中都变成了一层层摞起来的失败的象征。

他越是抱怨,心中越是烦闷,就越是觉得心中没有了力量,即便再有机会出现时,也无力把握,心中的第六感总是告诉他:努力也是没用的,总会半路杀出个程咬金把机会抢走。

案例中的季涛,关注的全是自己的失败、挫折,结果失败和挫折就成了他生活的全部。

所以你必须要让自己有一个对未来抱有美好预期的第六感,对于不愉快和不顺利的事情,一定要弱化它们的影响,这也就是我们生活中为什么要赶紧忘掉伤痛,不去想那些已过去的不好的经历。当一个人面对困难时,乐观的第六感所导向的结果跟悲观的第六感所导向的结果必然是截然不同的。

我们必须要相信,第六感所具有的神秘力量,必将帮助你实现你的心中所想,你所想的越美好,所实现的就越美好。

第四节
暗示的魔力

暗示,就如同第六感的"魔力之手",无时无刻不在我们的脑中起着不可忽视的作用。关于暗示的作用,有这么一个教育实验可以印证:

在实验中,老师将学生随机分成人数均等的甲乙两组,然后让两组学生朗读同一首诗。不同的是,在朗读前,对于甲组学生老师告诉他们这是著名诗人的诗;对于乙组学生,老师则没告诉他们是谁写的。朗读结束后,老师让两组学生同时默写该诗,结果,甲组的记忆率为57%,乙组的记忆率则是31%,相差接近一倍。

为什么会有那么大的偏差?其中有何玄机?

暗示在这其中起到了非常大的作用,"著名诗人"的诗引起了第一组学生的关注,他们马上觉得,这是一首值得记住的作品;而在第二组学生的第六感暗示支配下,他们认为这是一首普通的诗,没有什么值得特别注意的地方。很显然,不同的心态影响着学生的关注度,改变了记忆的积极性,这就是由老师的直接或间接的心理暗示所产生的影响。

心理学家已研究证实:人是唯一能接受暗示的动物。积极的"暗示"会对人的情绪和心理状态产生良好的、积极方向上的影响，继而激发人的内在潜能，不但可以使人勤奋，催人奋进，而且能影响人一生的命运；消极的"暗示"则会对人的情绪和心理状态产生不良的、消极方向上的影响，引导人去关注负面的信息，同时泯灭人的内在潜能，使人懒惰，让人颓废。两者之间的天壤之别，使得我们对此不得不重视。

如此说来，培养自己形成怎样的"暗示"，是构建正面的、导向积极的"暗示"还是采取负面的、导向消极的"暗示"，就显得尤为重要了。幸运的是，对于"暗示"的选择权一直握在我们自己的手中，怎样选择也完全由我们自己来决定。

现在我们既已认识到"暗示"这一第六感的魔力之手的力量，接下来我们就该进一步地去了解它的"工作原理"，并加以积极的引导。

意识与潜意识的关系，可以这样来形容：意识就是潜意识的守门人，它可以防止潜意识受到错误观念的引导，特别是外在暗示的引导，暗示总能悄无声息地对我们内在的潜能起到支配作用，这一切都是在我们不知情的情况下发生的。我们可以做一个实验：

晚上，你一个人坐在客厅里的沙发上，平举双手，然后闭上眼，心中反复对自己说：左手比右手高。三分钟后，当你睁开眼，你会发现你的左手真的比右手要举高了一些。除非你在意识中刻意抵制或不相信自己的心理暗示。

其实生活中的大多数人都是具有这种心理特征的，上面的实验只是一个典型案例。尤其是那种容易陷入自卑或消极情绪的人，他们的心理特别容易接受暗示，在生活和工作中，他们也总是轻易地相信他人灌输的信息，以至失去了自我的独立思考能力，变得没有主见，人云亦云，经不起挫折打击。

相对成人来说，孩子更容易接受别人的暗示。假使对一个孩子每天说一遍：你真是笨死了，你学习这么烂，将来肯定考不上大学。长此以往，他就会在心中认定自己不是学习的料，为了"对得起"自己已经相信的暗示，他也只好在学习上破罐破摔了。

从心理学术语上来说，暗示分为自我暗示与他人暗示两种。对待不同的暗示，要采取不同的方式。

自我暗示主要是指自己的显意识不断重复某种事物或观念，从而在潜意识中培养出暗示所导向的内容。潜意识中形成了一种暗示导向后，在受到相应的触动时，在你的第六感作用下，你的心理就会做出相应的反应或判断。例如某些人早晨在上班前习惯照照镜子、整整衣服、理理头发。如果在镜子里发现自己的脸色不太好看，而且觉得眼睑浮肿，恰好他又有睡眠不好的心理暗示，这时他马上就会有不快的感觉，这种感觉既非眼见的，也非耳闻的，完全出于心里的一种心觉——这其实就是他所储存的潜意识中所浮现出的第六感。有了这种感觉，他顿时就怀疑自己是否得了肾病什么的，继而就会不断地自我暗示并想象下去，慢慢开始觉得自己全身无力、腰痛，于是觉得自己不能上班了，甚至需要马上到医院就医，这就是对健康不利的消极的自我暗示在起作用。与此相反，有些人则不然，当他们在镜子里看到自己脸色不好，由于睡眠不好而精神有些不振时，他们可以马上用理智控制住自己的紧张情绪，并且对自己进行自我暗示：到户外活动一下，呼吸一下新鲜空气，再享用一顿营养的早餐，就会好的。于是精神振作起来，高高兴兴去工作了。前后比较，后者这种积极的自我暗示就大大有利于身心健康了。

一座工厂从附近农村招来了许多工人。由于农民原先习惯于户外田野里的工作环境，所以这些农民工很不习惯在车间里工作，他们总觉得车间里的空气太少，呼吸不够顺畅，因而顾虑重重，担心工作久了会因缺氧而影响健康，工作效率自然降低。后来该厂的老板派人悄悄在窗户上系了一条条轻薄的绸巾，这些绸巾不断随着车间内的气流和外面的风吹而飘动着，暗示着空气正在从窗外涌进来。工人们由此去除了"心病"，获得了工作环境良好的感觉，工作效率也随之提高。

消极的心理暗示能直接打击人的工作热情，挫伤人的信心，所以不要总向自己强调负面结果，不要总是给自己一些类似这样的心理提示："昨天我就是在这里摔倒的""这段路总是出交通事故"等。因为越是这样，我们心里就会越紧张，越是紧张，就越可能出问题。所以，聪明人应避免老用失败的教训来提醒自己，而应多用一些积极性的暗示，为自己培育出积极的第六感，比如："走稳些就不会摔倒了""经过这段路时应该减慢速度"等。这种积极的暗示和指导，比起总向自己强调负面结果要好得多。

为了避免不好的暗示形成挫败型的第六感，我们可以在平时用"汽车预热"式的方法来调整心情。有经验的司机都知道汽车在上路前，要让发动机进行预热，这样才能保证汽车以良好的状态运转。做事也是一样，当你度完一个闲适的周末，周一早上被刺耳的闹铃叫醒，被"周末综合征"困扰的你，一百个不愿爬起来去面对永远都做不完的工作。这时你来到工作单位，可以不必先急于投入到自己不愿面对的工作中，而是先与同事们交流一下，或是先翻阅一下上周的工作日志，当你给自己的心情"预热"之后，当工作成为你想要完成的任务对象后，再以崭新的面貌进入工作状态，以最好、最积极的状态来迎接工作上的挑战。

作为女性，都会有一个生理周期，其实我们每个人还都有一个自己的"情绪周期"，有时人们难免会陷入莫名的情绪低迷阶段，这就是情绪低谷期。在这个时候，人的意识变得迟滞，心态变得消极，你的第六感对外界的反应，也都是带有负面色彩的。在这个时候，就应该先做些简单的工作，不要给自己增添过重的负担，我们可以在自己情绪高涨的时候处理那些令人感到棘手的问题，因为好的心态能全面激发你的潜能，促使你信心百倍。第六感对外界的反应也是知难而上的无畏感，在这种状态下迎接挑战，可以淡化畏难情绪，可以避开诸如"我的能力实在不行""我缺乏变通的技巧""大家都不喜欢我"等这类心理暗示，从而最大化地将事情做好。

第五节
"自我"的精神力量

说到自我意识，可能大家都觉得很熟悉。其实自我意识是一个既简单又复杂的心理现象，我们大家所熟悉的可能不是自我意识，而是自己的思维习惯，即：认为自己的所想就是自己的自我意识。

自我意识（self-cognition）也叫自我认知，它不是一种简单的思维状态，而是一种多维度、多层次的复杂心理现象。构成自我意识的主体有三部分：从认识形式角度看，由自我感觉、自我观察、自我分析和自我批评等组成的"自我认识"，此为其一；从情绪形式角度看，由自我感受、自爱、自尊、自卑、责任感、义务感和优越感等组成的"自我体验"，此为其二；从意志形式角度看，由自立、自主、自制、自强、自卫、自律组成的"自我控制"，此为其三。这三部分相互联系，相互制约，统一于个体的自我意识之中。

自我意识是人对自己的身心状态及对自己同客观世界的关系的意识。自我意识包括三个层次：对自己及其状态的认识；对自己肢体活动状态的认识；对自己思维、情感、意志等心理活动的认识。自我意识不仅仅是人脑对主体自身的意识与反映。人的发展离不开周围环境，特别是人与人之间关系的制约和影响，所以自我意识也反映人与周围现实之间的关系。自我意识是人类特有的，是人的心理区别于动物心理的一大特征。

有了比较清晰的自我意识后，人才能更深刻地意识到"自我"的存在。人的"自我"又可以分为现我、本我和超我三部分。现我是每个自我所处的状态，本我是遵循本能的快乐原则的内在自我，超我则是遵循将来的完美道德原则的自我。现实生活中，我们大多数人并非自己的主人，而是以别人为中心，意识及基于潜意识的第六感飘移不定，容易受他人影响，容易被外因俘获，这也正是大多数人很难获得成就的最大原因所在。

我们每个人只有找到属于自己的本我，并抛开一切社会角色、外在价值观等影响，还原一个真实的自己以后，才能定位自己的位置，挖掘最大的潜能。以人举例来说，一个人的本我不是他拥有的豪宅名车，也不是他手握的权杖，更不是一些失意的人所遭受的各种挫败，所有这些外在的因素，都只会对自我意识形成误导，这些误导都可能成为自我力量释放的致命障碍。

一个拥有豪宅名车的人，他身负经营好家族企业的使命，但是他的本我却是对绘画艺术的渴望，如果他真实的自我意识得不到释放，他把家族企业经营得再好，他也不会快乐，其人生也不是一个淋漓尽致的成功人生，而是一个充满了遗憾的人生。

所以说，成功的人生应该是自我意识得到解放并获得尽情释放的人生。每个"自我"的精神力量都是非常巨大的，只要得以充分释放，其人生就是一个成功的人生。所以请扔掉那些所谓少数人的成功经验，他们的成功只是说明他们找到了尽情释放自我力量的正确途径，每个人的自我都是不同的，他们的自我不能取代我们的自我，我们的成功也不该是复制他们的成功。

成功并不等于辉煌的成就，成功等于找到最舒服的自己，而非成为别人眼中的什么人——别人眼中的成功是他们的价值观里的成功，不一定是你的。穿自己真心觉得舒服的衣服，过让自己开心的生活，这才是真正的幸福。能让自己幸福的生活，才是成功的生活。试问，如果成功是不幸福的，那么还有什么人会去追求成功呢？如果你自己不开心、不独立、不自知并且不能顺应内心自我的真正渴望，就算你拥有了全世界的财富，也不过是一具行尸走肉。

很多人其实都在"被意识"中度日，他们的第六感一直处在一种被压制或被替代的状态下，他们失去了本我。"被意识"首先是一个纯粹的心理学术语，它基于最直接、最确定的知觉（对客观事物的个别属性的认识是感觉，对同一事物的各种感觉的结合，就形成了对这一物体的整体的认识，也就形成了对这一物体的知觉）。心理学的经验不断表明，一种精神要素（比如一种观念）通常不是在时间上延续了一定长度的意识，相反，一种意识状态在特性上是特别短暂的。这时，作为意识的观念不一会儿就会改变模样了，虽然在一些不难出现的条件具备后，它还会恢复原样，但它们已非同一性质。在这个间隔当中，我们并不知道这种观念是什么，有时它会以第六感的形式直接传达给你的大脑。我们可以说它是"潜伏的"，这样说意味着它在任何时候都能变成显意识，只不过目前还处在"潜水"状态，是潜意识的一种。这种意识，有时候会以潜意识的漂浮物——第六感——的形式表现出来，有时候会转化为显意识表现出来，但它更多的时候是沉没于潜意识的深渊里，表现不出来。

心理学中的精神分析理论在这一点上断言，这种观念之所以不能得以显现，是因为有某种力量与其对抗，否则它们就都能以第六感或显意识的形态表现出来，随后其必将显示出它们与其他为人们所公认的心理要素间的差异是多么的微小。

在观念以显意识或第六感的形式表现出来前的状态，我们可以称之为压抑或抗拒，也就是说，很多时候，我们的本我都是被压抑或遭抗拒的。受到压抑的本我，使人失去了自我，在茫茫的黑暗中，苦苦追寻别人点亮的一盏盏明灯。殊不知这苦苦的追寻，从一开始就已经错了方向。因为真正需要你来追寻的方向，不是别人的明灯，而是你心中应该点亮的那盏自我明灯。

对于有些事，我们的心里并不愿意（大多情况下也不是很反感），但还是带着勉强甚至带着痛苦去做了，这里就是典型的压抑本我，追寻别人的明灯。只有点亮自己心中的明灯，才能完全释放出巨大的"自我"精神力量，在这种力量的驱使下，你才可以达到自己真正想要达到的巅峰。

第二章

第六感的解码

我们所讲的第六感,
与荣格所说的个人无意识和集体无意识
——无意识——是相对应的,
如果把第六感代入到荣格的理论体系中,
这两者是对等的。

第一节
"恶魔"的本质

第六感是否真实存在恐怕是一个会无休止争论下去的命题,笔者并不愿意在"预测未来""卜筮吉凶"这种偏向于封建迷信的方面进行玄而又玄的阐述,而是选择从心理学的角度解读第六感存在的依据及其心理学内涵。

如果单纯地把第六感归纳为那些拯救自己的小机遇,或者是一夜暴富的灵感,也就是狭义地理解为一种能够与未来发生微妙互动的直觉,那么大约第六感并不是真实存在的。但是若读者能够广义地全面地解读第六感,那么我们可以肯定地给出答案,第六感确实是我们的头脑中真实存在的。而且,广义地解读和锻炼自己的第六感,会增大我们触及"预测未来"的机会。把第六感称呼为"恶魔"的原因其实也在于此,如果不能在一开始就全面地认知第六感,那么我们很可能会被引入歧途,就好像恶魔撒旦的诱惑一样,陷入于对虚无缥缈的预测与灵感的追求,舍本逐末。相反地,如果能够看清这所谓"恶魔"的本质,则可以从最根本的角度去认识它、利用它,来达到提升我们人生品质的目的。

弗洛伊德的大名,恐怕是很多人都听过的。西格蒙德·弗洛伊德(Sigmund Freud,1856—1939),犹太人,奥地利精神病医生及精神分析学家,精神分析学派的创始人。他认为被压抑的欲望绝大部分是属于性的，性的扰乱是精神病的根本原因。弗洛伊德著有《性学三论》《梦的解析》《图腾与禁忌》等著作。

与之相对的，弗洛伊德还有一个不太听话的徒弟，这个曾经师从弗洛伊德的心理学领域的又一位大师的全名是卡尔·古斯塔夫·荣格（Carl G.Jung，1875—1961），他是瑞士乃至世界范围内著名的心理学家和精神分析医师，分析心理学的创立者。他早年曾与弗洛伊德合作，更是被弗洛伊德任命为第一届国际精神分析学会的主席，但是后来因为观念的不同，荣格自创了分析心理学，走上了完全不同的道路。

弗洛伊德始终强调一种个体意识，解决生活问题的一种理智方法，其核心内容是生活中的自我导向和一维不可逆的时间观，也就是说自己对于自己的掌控以及时间宝贵的概念，不得不说，这是西方文化精髓之所在。而且我们往日所见的心理指导和成功励志类书籍，大多是以此为出发点。比如被奉若经典的《羊皮卷——世界上最伟大的推销员》《万能钥匙》，甚至是戴尔·卡耐基的大量文章和理论，都是以此为核心原则的。我们在本书的第一章也是一直在灌输自己对于自身生活的把握，自己拥有完整的主导权，然后倡导以此为基准开发自己的潜能。

而荣格则以一种更富于哲学意味甚至是略带宗教色彩的方式在内部窥视主观的现实，以世界与个人的和谐为最高境界，这便是东方精神核心之所在，甚至可以说，这近乎就是对于中华民族瑰宝《易经》《道德经》等内容的一种现代化阐述。更为美妙的是，荣格对于潜意识、直觉和第六感方面的内容也进行了大量的解读，并且摆脱了自己老师弗洛伊德的局限。

弗洛伊德认为潜意识的内容只是被压抑的意识的残迹，使欲望得到无限制的满足是人的本能，但为社会道德所限，人的部分欲望只能被压抑到潜意识中来。通过潜意识，弗氏构造了由本我、自我和超我组成的人格心理结构理论。但是这种把第六感和直觉归结为被压抑的欲望的说法明显是站不住脚的，笔者窃以为弗洛伊德的解读带有太多的主观色彩，他童年的经历令他解读出相对主观的理论，比如习惯性地把性的扰乱带到自己的理论中来。

所以在心理学的解读方面，我们将会以荣格的理论为主，至少笔者认为其内容是相对客观的，而且也较少地被大家接触到，弗洛伊德的自我导向方法被阐述得实在是太过于泛滥，我们虽然也会在必要时候涉猎，但是笔者将尝试从根本的角度去构建关于第六感的一整套提升和控制方法，这种质的提升远比重复灌输已经被各种成功类书籍偷换了无数次概念的弗洛伊德理论来得更重要和有效。

这其实可以用练武的过程来解释，真正的高手比试，招式已经是浮云，最关键的乃是对于真正武道的理解。直白的高手都是举手投足之间符合天地规律的，那些硬生生扭出来的招式怎么能够与之相比呢？相信在掌握了关于第六感的一些本质内容之后，你会感觉到自己对于世界的解读更加真实了，对于生活也能更好地听从自己的本心，也就是第六感的指引，而且，真的不再是重温一遍那些极度类似的心理学励志书籍。第六感带给你的，将是真正的力量源泉，你会发现那些困扰自己的难题不再是难题，因为你的第六感是你最自然的状态。

第二节
解码无意识，感知第六感

人格作为一个整体被荣格称为精神，精神由若干不同然而彼此相互作用的系统和层次组成：意识，个人无意识和集体无意识。

意识是人心中唯一能被个人直接知道的部分。意识有四种功能：思维、感受、感官和直觉。两种心态决定着自觉意识的方向：内倾和外倾。意识的产生就是个性化的开始，也就是我们为何区别于其他人的根本原因。

荣格认为意识出现于生命的早期，甚至早在人出生之前，还在子宫的孕育阶段时就已经产生，这也是胎教可以取得一定效果的理论支撑。荣格说："意识的整个本质就是辨别，区分自我和非我，主体和客体，肯定和否定等等。事物分离成对立的双方完全是由于意识的区分作用，只有意识才能认识到适当的东西，并使之与不适当的和无价值的东西区别开来。"任何事物都只有在对比中才能显现意义，没有黑，就无从定义白；没有恶，就无从定义善。这种对立物的分离产生一种衡量好坏、取舍的价值标准，从而使人摆脱原始状态并具有特殊的人类尊严。所以可以这么说：哪里不存在意识，哪里就仍然盛行纯粹无意识的本能生活（接近于兽的原始社会比之于现代文明社会，就更加盛行纯粹无意识的本能生活），哪里就没有反省，哪里就没有赞成与反对，也没有分离，有的只是简单事件、自我本能调节以及现状调和。

　　荣格认为，意识对人类而言具有一种象征性的光明，它的出现与发展分化直接导致个体意识自我的产生，它赋予了人格一致性和连续性，正是有了这种特性，人们才会感觉到今天的我与昨天的我是同样的人。人类意识的发展过程，正是人类个体的成长进程，只有随着意识对未知之物的发现、掌握与认知，个体才能得以逐渐成长，变得越来越独立、完善。一个对周围世界漠不关心、没有任何认识的人，其意识是无法发展的，其个体是无法成长与完善的。意识光明性的另一重要价值是它与人类无意识的关系，人类意识总是在努力同化着无意识，将无意识变成意识是一种创造过程。我们认为，第六感即是这样的一种创造方式之一。荣格认为，在古时候，这一创造过程的意义就具体体现为典型的英雄神话的主题。古代的那些英雄们总是具有超乎常人的品质，他们抗争并击垮企图消灭自己（或族类）的黑暗势力。这一典型主题的象征意义在于，人类被（潜意识中）精神再生的欲望所驱使，进行艰苦而冒险的征战，企图征服无意识的致命的诱惑，创造新生活和新光明。

　　我们这里引述荣格的理论不是毫无用处的，我们所讲的第六感，与荣格所说的个人无意识和集体无意识——无意识——是相对应的，如果把第六感代入到荣格的理论体系中，这两者是对等的。

　　上面我们已经提到，在荣格的理论中，"意识是唯一能被个人直接知道的部分"，而作为第六感的无意识是否就不能被人感知呢？如果我们不能感知第六感，那还怎么去理解、去锻炼和掌握呢？这里有个关键性差异就是"直接"二字。意识是能被直接知道的部分。直接知道就是指能够被大脑所感知，或者说，它能够直接呈现在你的脑海里，无论是以图形、声音甚至是一种身体的感觉等任何形态。

而第六感是不能直接被你感觉到的——或者说你虽然能够直接地感知到它，但它不是以直接的形式（如图形、文字等）呈现的。我们会在适当的时候引入第六感发挥作用时的一些具体表象，比如你自己的感觉会和别的时候不一样，比如有的时候第六感会以梦境的形态传达给你，但是请注意，那并不是第六感，而是第六感的一种表现形式。

或者说，我们能够感知到的，已经是意识了。不过有一些意识，**特殊的意识**，是无意识，也就是第六感的解码。这就好比一个普通人和计算机专业的人通过不同的方式去看待一段视频或者是图像一样，普通人看到的是演员的外貌、动作、说话，而在计算机专业的人来看，其实质则是"0101"这样的数位流，它通过一定的方式被**翻译**成我们喜闻乐见的电影。第六感在呈现以前，就好比是"0101"**这样的数位流**，在它得以以具体方式——解码——呈现前，就算是比尔·盖茨、史蒂夫·乔布斯也是无法解读其内容的，只有在它以某**种形式**得以释放后，我们才能感知到它。解码，就相当于无意识到**有意识的**一种投射。

说了这么多，主要想要表达的概念其实只有一个——第六感不能被**直接感知**，我们只能旁敲侧击，让它顺利解码，呈现给我们的接收器，**即大脑**！

我们**继续**回到荣格对于精神的解读，既然我们已经知道了第六感在荣格**理论体系**中对应着的是无意识，而无意识是一种潜移默化不能被直接**感知的意识**，那么这里我们就有必要解读一下荣格的**个人无意识**和**集体无意识理论**了。

个人无意识与**集体无意识**的划分其实是荣格理论非常独到的一点。个人无意识**可能**比较好理解，是个体存在的不能被直接感知的意识，它就好比是一个容器，蕴含和容纳着所有与意识的个体化机能不相一致的心灵活动和种种曾经一时是意识经验，只不过这种经验由于种种原因而受到压抑或被机体所忽视，比如一些令人痛苦的思想、悬而未决的难题、道德层面的焦虑等，所有这些共同构成了个人无意识的内容，当需要时，这些内容通常会很容易地到达意识层面。我们所说的第六感，有相当一部分的内容，就是个人无意识传达到意识层面的方式。

除了我们所说的第六感，荣格通过词语联想测试还发现，在个人无意识之中还存在着与情感、思维、记忆相互关联的种种簇丛，荣格称其为"情结"，任何触及这些情结的词都会引起不自觉的反应，这说明情结是一种相对来说比较独立的自主结构，它自身具有内驱力，就好比是总体人格之中独立存在的一种较小的人格结构。同第六感一样，这些情结在控制我们的思想和行为方面产生着极为强大的影响。

对荣格而言，自我构成了意识领域的核心，在平常情况下，它是个体一切意识行为的主体，表现出高度的连续性和同一性。但是自我并不是唯一的，也不是整个的人格总体，它只是一种观念情结，还有很多与之并列的情结。但是自我情结所产生的精神紧密交织作用，保证了人格的同一。也就是说，我们每个人的自我保证了我们人格的同一，如果一个人的自我不够强大或失常，这时此人一般就可能表现出精神分裂的特征，甚至进一步发展为我们俗语所说的"精神病"。这里所说的自我失常，其实就是自我情结同无意识背景不能相融合，产生了分离。这样就会产生多个情结中心，它们各自为战，妨碍自我目标和对象的实现，成为一个精神分裂的"病体"。

从这种意义上说，分裂倾向其实是一种普遍的精神性质，它在健康者以及病人中都有可能出现。但是，但凡能取得高度成就的人，或者说能高度实现自我的人，往往都具有高度统一的人格，他们一般都能够充分地调动出自我潜能，并且内在的各个情结目标一致，能够并力向前。

那么集体无意识呢？集体无意识可能在字面上有被误解为"人类集体犯傻"的可能，其实恰恰相反，倒是把它理解为"人类集体大智慧"可能更加准确一点。它其实是指有史以来沉淀于人类心底的普遍的、共同的人类本能和经验的遗存，它们以原型的构成存在，显现为原始意象，其内容代表着人类全部的知识和经验。这是好东西啊，这么大的库存，简直相当于计算机系统的后台数据库。那么它又为什么叫作"无意识"呢？其实这里无意识的主要含义是，我们在享受这些集体智慧带来的成果的时候，是没有丝毫知觉的。

在人类心灵最深处，拥有一个超越所有文化和意识的共同基底，这个基底就是集体无意识，所有意识和无意识现象都从集体无意识中生发出来。集体无意识内容不像个体无意识那样由本人曾经感受的经验构成，在个体的整个生命过程中它们从未被感知。

荣格认为集体无意识是比个人经验更深的一种类似本能的东西，它的存在同人类本身一样古老。在这里需要点明的一点是，荣格不认为人的本能仅指各种生理功能，他认为："本能是典型的行为模式，任何时候，当我们面对普遍一致的或反复发生的行为反应模式时，我们就是在与本能打交道，无论它是否与自觉的动机联系在一起。"如同蜜蜂凭借本能而建出复杂完美的蜂窝一样，人类很多的复杂行为背后，都是本能在发挥作用。荣格对本能定义范围的扩大，使他顺藤摸瓜，发现了一个普遍规律，即本能活动会带来对自身的感知——这就是直觉，也就是构成我们所说的第六感的最重要的一部分内容。本能是一种人类执行某种高度复杂行为的原动力，直觉则是对其高度复杂的情境的无意识的、有目的的领悟。所以可以这么说，直觉（第六感）是本能的一种体现，它与本能同属一个充满生气的活动过程，并不分先后。

人类自身意识存在着一些先天的第六感形式，它们可以说是知觉和领悟的原型，或者也可称其为对外在世界反映的原始意象，它们是一切心理反应过程所必须事先具有的因素，就像本能可以把一个人强行逼入某种特定的生存模式一样（本能把蜜蜂逼入一种特定的筑巢模式），第六感把人的知觉和领悟方式纳入特定的人类行为模型。这些模型是人的本能的自画像，是典型的领悟模型，或者说是特定的领悟方程式。无论什么时候，只要我们遇见普遍一直或反复发生的领悟模式，就像代入方程式一样，我们立即就会作出与本能相呼应的第六感反应行为，以达到方程式两端的平衡。每一种本能都有一种模型与其对应，都会形成一种第六感反应方程式，这些本能与模型共同构成了广阔无边的集体无意识领域。

从生理的角度来说，与人类的意识相对应的是身体的中枢神经系统，与集体无意识对应的则是具有自主性的植物神经系统。植物神经系统包括交感和副交感神经，它们的"自主性"是指其功能不受意识的支配，它们会自行调节人体内脏的基本生理活动，例如呼吸、心跳等。荣格称集体无意识是"深入到长期被植物神经系统控制领域的精神"。尽管它不用感官的辅助以行使其功能，但它仍然是保持生活平衡的关键并且它还通过交感神经兴奋的神秘路径向我们提供他人内心生活的知识，同时对它们施行内在的影响。可以这么说，人类本能的生命活动都会通过交感神经产生一种与之相对应的直觉领悟模型存在于人的精神世界中，这种直觉模型对应以第六感反应方程式直接影响着人类的内心世界。

集体无意识的内容非常的丰富，它包含了人类以往岁月中所有的生活经历和生命的进化历程。集体无意识既是人类全部经验的存储所，又是一个经验的先天根基，它既是本能驱动力之源，同时也是将创造性冲动和集体原始意象结合起来的人类思想感情的基本形式之源，而它们的具体表现形式就是集体无意识模型，以及与之相对应的各种第六感反应方程式。在世界各民族的传说、神话中，存在着大量的集体无意识模型、它们包括出生模型、再生模型、死亡模型、儿童模型、英雄模型、骗子模型、上帝模型、魔鬼模型、智者模型、大地模型、母亲模型、巨人模型、自然物模型（如树林、太阳）、人造物模型（如圆圈、武器）等，每一模型以其第六感方式传达给所有人都具有普遍一致性，这宛如磁石一般吸引着与之相关的各种生活经验，形成影响个人发展的情结，进而在生活中表现出来。

在众多的集体无意识模型中，对人类发展影响最为深刻的模型是"人格面具"，或者叫作"从众模型"。它表现出来的特征是，在公共场合，这种集体无意识本能会以第六感反应方程式告诉你，以一种符合大家需要，能够求得社会悦纳的面貌示人，就仿佛是戴上面具的演员，使得一个人扮演着并不是自己的角色，而是导演（即大众或社会）所需要的角色。这种模型能够使我们与他人和睦相处，满足彼此的需要，从而成为社会和团体生活的基础。但是这也是一个人被称为"庸人"的特征，因为当自我被人格面具主宰，将自己与面具完全等同时，他就会陷于一种自我受贬抑或与之两极对立的妄自尊大。这样，一个自我精神力量得不到释放的人，做得再好，也只不过是演好了导演要求的角色。

第三节
四个心理功能，四种第六感

荣格的四种机制理论无疑是他最为核心的理论，在他的作品《心理类型学》（原著名称《Psychological Types》）中就有阐述，这个理论被称为"荣格的四大心理功能"。

荣格认为，心理功能有四种：思维（Thinking），感受（Feeling），感官（Sensation）和直觉（Intuition）。笔者要说的是，这四大功能，其实都和第六感有着密不可分的关系。我们不妨先来看看荣格对于整个系统的阐述。

首先，思维和感受是一组的，因为二者都是理性的认知，二者都需要一种判断。思维由彼此联结的观念组成，以形成一个总的概念，或形成一个解决问题的答案。它的本质是一种渴望理解事物的理智功能。感受则是一种价值判断，这个价值包括很多方面，比如外在的舒服不舒服，有没有觉得难堪或者是放松。考察了一种表象唤起的体验是愉快还是不愉快的之后，感受会去决定接受还是放弃这一表象。

敏锐一些的读者恐怕已经知道了，感官和直觉是另外一组的，二者不需要判断，是非理性的。感官既包括来自客观世界的知觉也包括来自人体内部的感觉，即涵盖了物质与精神的双重层面。直觉是一种直接把握到的而不是作为思维和情感的结果而产生的经验和体验。

这四个心理功能组成了一个完整的内心世界。任何人都同时拥有这四种心理功能,而不是说你是某一种性格或者特质,就只拥有四种功能当中的一种。唯一的区别在于四种功能中有一种功能会尤其发达,表现得尤其外在,这也是大大左右一个人行为个性的功能,这是对于我们性格影响的主因素。

我们每个人总会运用自己比较强势的功能来处理和解决问题,所以万一这个问题恰恰需要用到他的弱势功能来处理时,应对起来就会很不利。比如科学家可能更多地需要"思考"这个特质,而拍电影的导演其直觉和感官功能就比较发达,你若偏偏让导演去做一道数学题,让科学家去演戏,那就是强人所难了。

笔者以为,很多情况下,我们都是在做无用功,都是在错误的道路上越走越远。有些时候我们以为自己坐上了成功的快车道,但是实际情况却是你走错了方向,走在距离成功越来越远的路上。所以,识别出自己在心理功能方面的特长是尤为关键的。本书将依托刚刚讲过的荣格心理功能分类,提出四种完全不同的第六感类型。

也许有人会觉得有点儿不妥,似乎这四种类型里面还包含了感受和思考这种理性化的行为,难道这样也能衍生出第六感的类型?

答案是肯定的,我们将会一一阐述不同类型第六感的特点,并为大家提供不同的锻炼方案。

一、直觉型第六感——圣者

直觉,英文单词为 Intuition,翻译过来也有"直观的"意思在其中。为什么把它摆在最前头呢?因为笔者认为这可能是读者朋友们最能够接受的一种第六感,或者说,在一般概念下,这是最为常见的第六感。直觉现象，谁没有经历过呢？今天出门前还是大晴天，突然鬼使神差地拿了一把雨伞，结果下班时真的突然乌云密布下起雨来了，然后我们感叹今天早上的直觉真是太准了。不仅仅是这个，其他的事情也经常会产生直觉这一现象。

举个例子来说，我是个铁杆球迷，而我母亲则完全是个外行，但她猜点球进不进的命中率却比我要高。当罚点球的时候，技术层面的问题其实并不是其中的核心要素，心理素质和运气成分则占了大部分。比如门将会猜测对方的射门方向，左路中路右路一共三个方向，还有高中低三个高度选择，门将必须要押宝。总之，点球大战是十分残酷的，作为一个球迷，看到自己心仪的球队被主罚或者是被罚点球都是十分揪心的，一些淘汰赛中因打平而不得不进行的点球大战则更为残酷。

母亲根本不是一个球迷，但是有时候我看比赛她也会一起凑热闹，罚点球之前她总会按捺不住而习惯性地做出预测。我一开始对此不以为然，但是几次下来，我不得不有点儿吃惊于她相当高的预测准确率——大概四次猜测能够对三次，这是不符合随机规律的。要是说一半一半的概率的话，似乎不应该有这么高的概率。于是我就问她，你是怎么猜对的啊？不可能只是靠运气吧？母亲的解释很简单，她靠的是直觉，也就是罚球之前自己收到的直观感受。我注意到她一般在球员码球后后退的过程中就会做出自己的判断——"这个够呛""这个应该没问题""悬了这个"。仔细想来，老妈似乎是直接用球员给她的直觉印象来进行预测。虽然说在那一刹那，大脑其实是在识别这个队员的动作、表情等，从而看出其是不是自信，心里是不是紧张，但是因为这一切都没有经过深加工，而是来源于第一手的直觉，所以并不能说该评判的做出就是经过思考、推理或者是其他加工的。

在荣格心理学中,直觉型的人又是怎样的呢?荣格的原文如下:这是决定一个情况如何发展及其未来走向的才能。其调查研究主要集中在无意识(潜意识)。四大美德中的审慎就是建立在潜意识上的智慧,这就是为什么柏拉图相信智慧实际上是可以回想起来的,柏拉图建议用哲学与冥想来发展这种直觉。

这其实和第六感的训练方法是极为相似的,因为上文我们已经说过了,第六感从本质上来看,和无意识状态是等价与对应的。拥有直觉型第六感的人是天生的第六感达人,他们称得上是天赋异禀,因为从小时候开始,这种类型的人就习惯于用最纯正的第六感去感知世界和解决问题。

拥有这种类型的第六感的人,更加乐于去寻求灵魂深处真实的愿望和目标,而当我们找到自己真实的愿望时,我们会发现自己往往并不是这个愿望的始作俑者。从某种层面上来讲,这种类型的人更加擅长于与神学和玄学相关的领域,因此带有一种天生的圣者气质。神学家、心理学家、诗人、冒险家和企业家其实都是很适合他们的职业。

当然,生活中这种类型的人境遇通常都是比较极端的,因为直觉型属于倾向外化的类型,也就是类似于我们所说的一个人性格外向还是内向中的外向,他们通常较为乐于表达自己,看起来比较冲动,但是同样地,这也是有行动力的一种表现。我们通常说的"想到就去做",很多情况下就是指这种类型的第六感人的座右铭。而且很多时候我们说的某个人"命好",也有较高的概率出现在这种人的头上(相对于其他几种类型而言)。不过擅长用直觉解决问题其实并不是一件永远都靠谱的事情,我们要知道会有各种外界因素来阻碍圣者们去接触事情的真相。比如以貌取人,还有后面要专门讲解的"晕轮效应",都是在整个过程中最容易犯下的错误。

二、思维型第六感——智者

Thinking,解释为思维、理智。所有的人都有思想,每个人都有着自己的思维,那么这种类型的人是不是特点就不够突出呢?答案是否定的,这里的思维功能是理性的和逻辑的,相对而言其思辨意味和逻辑推理的成分要更大,这就与胡乱思考或基于感觉之上的思考形成了一个对比。思维主要解决的问题有两个:为什么,什么才是真实的。每当这种类型的人进行思维的时候,大脑都会进行这两个问题的思索,是一个决策功能的典型。

思维是强而有力的,同时也是无形的,与其对应的是正义的品德及思维功能,它代表了对事实和真理的寻求,这种寻求是体现在思想上的。对于这种类型的第六感拥有者来说,学习数学来发展思维是一种不错的选择。

数学,其最核心的概念就是逻辑与代数。它不仅仅应该是我们考试时候使用的一种工具,更是可以在很多方面给予我们的人生以指导的意义。

总体而言,拥有思维型第六感的智者是一个追求规则与法则的人,他们喜欢去发现事物的一般规律,在人情世故上也喜欢创造规则。诸如"我到底是什么?世界为什么这样?"之类的问题会是他们比较喜欢思考的问题。该类人往往能够接触体会到丰富的精神世界,虽然看上去似乎不会像直觉型的圣者那么通灵,但是了解的领域和层面却更加广泛。

这类型的人格需要注意放松自己的神经,或者说不要太过于钻牛角尖,一旦踏错方向,就容易陷入自我的狭隘世界,抱有狭隘的观点。有些人甚至会陷入一些偏执思想而毫无察觉,比如会产生"人都是自私的"之类的想法。这种人就很少有人会去接近他了,因为他的内在世界观或者说潜意识传达出的第六感就是不相信他人的。

另外还有一种性格的发展方向,就是智者会乐于而且善于研究外在世界即我们的现实世界里的各种现象,试图找出一定规则或公式法则。他们渴望了解大自然、整个社会结构以及人类的行为模式等。智者的职业选择是比较广泛的,但是大多是和研究、知识具有较大的相关性,经济学家、法学人士、政治家、哲学家、科学家、研究人员和学者是很好的选择。

三、感官型第六感——贤者

Sensation 有两种解释,感官、感觉。相比较而言,感官是更加准确的,而感觉则不够准确。感觉中带有更多的感情色彩和评判倾向,是偏向于理智的,而感官则更加符合我们对于这项功能和心理学类型的解读。

这项功能能够使人感知到某一事物的存在,以此来决定如何去使用它。这是对物质世界的调查。通常的情况下,意志力的锻炼就是经由感知功能起作用。对这种类型的第六感拥有者来说,用锻炼身体的方式来发展感知功能是很好的选择,因为感知和意志力具有较大的相关性,所以锻炼效果会很好。

这种类型的人是很好的倾听者,也是很好的合作者。他们往往不会发展成一个领导者或者是团队领袖,却是一个团队必不可缺的要素,更多情况下甚至是团队中的灵魂。这种类型的人能够很好地感知外部世界,他们的感官优于其他的几种第六感,而且和圣者这种靠灵觉和直觉为主去预测和感知的人相比，他们的感官显然是更加脚踏实地的。所以具有这种性格的人，一般具有丰富的艺术细胞，对于美术、建筑和相关的领域都有着一定的天赋。所以我们的推荐职业包括了艺术家、鉴定家（相关领域的行业专家）、工程师和建筑师，而且因为其感知力的优势，也可以胜任会计、研究者这些略显枯燥且需要较大耐心的职业。

四、感受型第六感——王者

感受，是个使用面很多的词汇，最常用的领域可能是记者采访，经常会询问采访对象现在有什么感受。其实我们无时无刻不存在着感受。它的英文单词是Feeling，翻译为感受、感觉，其实感觉和感受的意思是比较接近的，但是感觉可以被曲解为偏向于知觉而不是情感判断，所以考虑到不被混淆的目的，我们还是用感受这样一个词汇来描述这类型的人。

这个术语经常被误解，在很多时候被翻译为情感。按照荣格的本意，感受功能是作出价值判断的功能，是用来断定好坏的功能。在荣格的本意中，感受并非情感。荣格将Feeling称作Affect（感情），起源于拉丁词Affectus，意为性情、倾向。感情状态能够从一个人的表情和态度上观察出来，而感受则不可以，因为一个人不需要通过笑或者哭来表达对某事物的喜爱和讨厌。如果感觉强烈到一定程度则能够引起情绪和感情，不过情绪和感情同样也能从其他三种功能的任何一种得到引发。荣格认为感情是心理活动中较浅的一个层面，但是这里说的心理学四大功能则是一个较深层面。正如我们前面所说，感受是一个决策功能，对某事物好或坏的决定，并且引发相关的行动。对这类第六感拥有者，用学习音乐的方式来发展感受这个功能是不错的选择。

这种类型的人的性格发展比较极端，一种是偏向于内化的，也就是更在意自己的内心感受。他们不在乎利害得失、不在意旁人眼光，只追求能够让自己真正得到快乐的人生，他们重视心灵上的满足，不重视物质上的欲求。这类人不会主动与社会有所交流，但有牺牲小我以完成大我的精神，从奉献中获得喜悦。荣格就是这种类型的人，他形容这种类型的人"如静水，深而不见底"，外表看似文静，内心却满怀超越庸俗利害得失的幸福。不过这种类型的人有时会过于与外界隔绝，沉浸于自我世界，对自己不喜欢或没兴趣的对象表现出冷漠的态度。偏向于内倾型的王者角色，其职业适合趋向于医师、音乐家、僧人或修道者。

另外一种外化的王者则平易近人许多，会追求大多数人所喜爱的事物，容易跟随流行。这类人容易创造出受大家欢迎的东西，能够引起多数人兴趣，所以容易在演艺界和娱乐界出彩，也具备一定的领导才能。但是同样地，需要防范的危险也是同样存在的，一旦不能发展为领袖，这类人也容易变成一个只懂献媚世人而失去自我的人。歌唱家、组织者、政治家是很适合这一类人的职业选择。

五、四种类型的总结和木桶效应

看完上述对四大心理功能的解释，我们不妨来总结一下。

首先，直觉和感官是注重于客观现实，而不是用来作决定的。基于此，荣格将它们归为"非理性"功能，为消极被动的特质。其次，思维与感受为"理性"功能，是作决策的功能，为积极主动的特质。

理性功能由思维和感受组成，非理性功能由直觉和感官组成，可以用一个数学里常用的坐标轴来画出它们之间的关系：

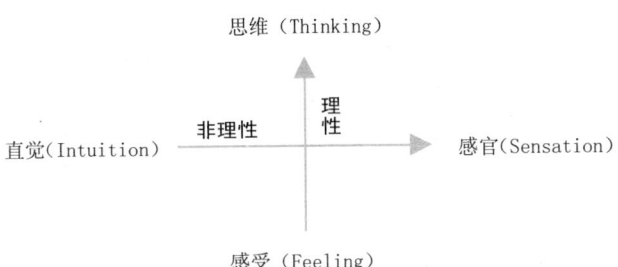

上图中,纵轴为理性之轴,横轴为非理性之轴。在纵轴的理性功能中,思维和感受互为对立的两极;而横轴的非理性功能中,直觉和感官互为对立的两极。当然这里的对应并不是说两者之间具有多么大的排斥性,有了理性就失去了非理性,或者擅长对外界的具体事物的感官,就不能拥有强大的直觉能力。这个理解显然是偏颇的,而我们的确切意思就是,擅长思维功能的人,他的感受功能就会相对比较薄弱。

正如上图中,思维功能在上方,感受功能在下方,上了就下不了,下了就上不了。同样,如果一个人擅长感官功能,那么他的直觉功能就会比较薄弱。所以我们可以看到,在四大心理功能中,不论哪一种功能占据强势,其相对立的功能就会趋于薄弱。荣格发现,大多数人在发展自身心理功能的时候,会优先去发展非强势功能所在轴的功能。也就是说,若一个人擅长思维功能,那么他比较容易优先去发展非理性功能中的某一种功能。

这其实是来源于人类对于自身发展的一种本能,虽然从很多领域和情景看来,你最强项的东西是保证你成功的一大法宝,我们把强项打造得更强是很好的选择。比如大多数成功人士都会有自己的一块金字招牌，成功的企业也是如此。但是从本质规律以及生命的本能上来看，反倒是你最弱的一块拼图会决定你的成就到底有多大。

有一些读者可能已经想到，这就是我们常常会讲到的木桶效应，一个木桶能装多少水，并不是由它最长的那一块决定的，而是由最短的那一块决定的。好比一名女性想要当明星，如果单纯只是靠自己的美丽，而不注重自己全面能力的培养，是很难成功的。相反，如果一个人性格很好，朋友多，人人见了都会喜欢他而不是讨厌他，那么这个人不仅是在演艺圈，在任何的圈子都不会太失败。

迈克尔·乔丹，是一个家喻户晓的篮球明星，甚至可以说，他是美国男子职业篮球大联盟有史以来最耀眼的明星。乔丹不仅有着出众的球技，还有着非常温和的性格，他交友颇为广泛，和各种媒体、球队教练、队友等全都相处得十分融洽。在他的职业生涯中，鲜少爆出丑闻。

古语云，不以恶小而为之，不以善小而不为，讲的其实就是一个人如果想要有所成就，就必须能够控制住自己的短板，要尽力做到自己的综合水准比较高才行。

第四节
心电感应，来自心灵的力量

有一对夫妇育有一对双胞胎，由于特殊原因，丈夫带着一个小家伙在法国南部城市生活，而夫人则带着另一个小家伙在英国伦敦生活。说起这两个小家伙的趣事，这位夫人总是要说起他们之间的心电感应。她说，当在身边的这个小家伙活蹦乱跳的时候，她决不会担心另外一个孩子。原因很简单，因为当身边的小家伙情绪低落或生病的时候，她打电话给丈夫总会获知，另一个小家伙也有相似的问题。最奇妙的是有一次，她身边的孩子莫名其妙在伦敦患上了花粉过敏症，而当时的伦敦时值隆冬，离春天还有一个多月的时间，根本就没有花粉，一打电话才知道，原来真正得了花粉过敏症的是远在法国南部的小家伙。

西方相关研究认为，心电感应是人体的特异功能，是超越五官感知，不可思议的能力。心电感应跟我们所说的第六感比较接近，可以说是第六感中的一个特殊能力。具有心电感应这类特殊能力的人士有些是天生的（例如双胞胎），也有些是经过气功修炼达到高深境界后所出现的，还有一些则是大难不死，如生重病或出意外之后出现的。它基本上是一种人类潜在的能力，潜藏于心灵内部，有可能被激活也有可能永远沉寂的能力。

如果把人体比作一个生物电子产品，那么身体中的脑细胞、心肌细胞、神经元等，它们对特定功率、频率的电磁波较为敏感，但是由于本体的感应远大于外来感应，所以，若非在故意感知的情况下，对外在影响是不易察觉的。人体最强感知来自于自身，即眼、鼻、耳等。眼睛对颜色、形状、距离进行频率解读，耳朵对声音进行解读。外物所发射的通常是复合波，人脑也是通过各器官共同接受复合波，能够逐一进行分析的人很少。而第六感及其范畴内的心电感应，则是将某些信息通过感官之外的途径传到另一个人的心中，直接产生影响力。

这就是来自心灵的力量。心灵的力量是强大的，并且也是未知的，能否激活心灵潜藏的力量，就要靠个人的自身努力了。

从整体上来说，对于心灵力量的现代心理学研究成果是非常有限的，如果把现代心理学研究和成熟的心理学研究相比较，现代心理学的研究阶段就好比是一个人的婴儿期一样。对于心灵内部的大量未知力量的研究，还有待心理学家们在今后的研究中再接再厉，我们在今天所能下的定论只有一个：心灵的力量是无穷大的。

如果我们把心灵比作一个磁场，那么第六感就好比是它放射出来的可以对人体产生作用的磁力。

每个人的心灵最初都是单一的，对应以色彩来说的话，其颜色是单纯的，只有一种颜色。随着年龄的增加，人们将不断接受环境和他人的影响，不断地在心灵图上添加各种色彩，而自己也会自我选择一些特定的保护色。有人说生命是红色的，因为那是血液的颜色，如果血液没了，人的躯体就会变得苍白，所以死亡的颜色是苍白色的，这只是一种想当然的说法。心灵颜色是法国某著名心理学家研究提出的，通过多次实验，他还设计出了计算自己心灵颜色的简单方法：

用阳历生日，从年到月、日，逐一相加，得出的数字如果是十位数以上，则拆开来再次相加，回到结果变成个位数字为止，这个所得数字就是你心灵最原始的颜色。

例如，1986 年 4 月 1 日出生的人的心灵颜色是：

1+9+8+6+4+1=29

2+9=11

1+1=2

这样，2 就是该生日主人的生命颜色了。

各个数字所对应的颜色分别为：

1= 红；2= 蓝；3= 绿；4= 白；5= 白；6= 黄；7= 橙；8= 黑；9= 紫。

每种心灵颜色的特征为：

红色：热情冲动武士型

该类型的人易怒，热情，忘性大，爱憎分明是其显著特征。这类人内心热情如火，随时都能以其热情将周围的人融化。但也是因为太热情，所以常会太过冲动，控制不住自己，因此常常得罪人而遭受挫败打击。不过此类人复原力超强，就跟打不倒的不倒翁一样，即使跌倒了也会很快爬起来，掸一掸身上的土，又继续前进了。

蓝色：理性助人军师型

聪明，偏矜持是这类人的显著特点。循规蹈矩不张扬，冷静理智不犯错，这一类型的人总是能得到别人的信赖，但是谨慎的性格使得这类人做的比说的多，从不轻易将自己的想法表达出来，以至于让别人觉得有些阴沉，而看不到其乐于助人且深思熟虑的内心。

绿色：大事化小隐士型

绿色心灵底色的人，其最显著的特征就是随和，无欲无求，可以和所有人做朋友。这一类型的人，基本上没有什么个性，见什么人说什么话，说他随波逐流也对，说他没有主见也对，他都没意见。他所希望的人生就是平平淡淡，没有大风大浪，他是个典型的知足常乐的和平主义者。但是如果此类人遇到了生活的大风浪，就有可能没办法面对挑战，产生顾虑和困扰。

白色：单纯天真天使型

这一类型的人有完美主义的倾向，对做错了事的人不能轻易原谅。这类人纯洁如白纸，如爱情小说中不食人间烟火的主角，成天活在自己编织出来的世界里，尘世的一切都与他无关。这类人容易被感情蒙蔽，他们的情绪不稳定，容易受环境影响，要当心白日梦做过度会变成妄想症，明明没有发生的事都会以为发生过。

黄色：乐观开朗孩童型

天性乐观，外向，易冲动，敢于冒险，有求知欲，上进心强是这类人的典型特点。乐观且好奇的他们，任何事都想要去试一试才甘心，若是有人试图阻止这类人去做新的尝试，必定会遭到他们强力的反击，他们的反击往往犀利十足，让人难以招架。所以，这类人有时真是需要收敛一下自我，多听听别人的意见，尤其是那些善意的意见。

橙色：依赖成性公主型

不谙世事的他们永远像童话故事里的主人公，永远需要别人陪在身边，他们也处处受到宠爱，总会有人为他们送汤送水、嘘寒问暖、呵护照顾。虽然这类人依赖心重，但也因这点他们会对朋友掏心掏肺，因此身边朋友成群。当然对这类人来说，最重要的事情就是找一个能一辈子爱护自己的人。

黑色：人格分裂巫女型

这类人拥有多重人格，一会儿是天使，一会儿是恶魔，集最佳行动力、理解力、社交力于一身。想出人头地对他们来说根本不是难事，但是他们却常常另外去追求遥不可及的目标，以致终其一生都在追逐空中楼阁。这类人要小心性格的分裂会对你造成不平衡的影响，让你难以得到真正的快乐。

紫色：深谋远虑国王型

遇事不会立即做决定，而会把这件事从头到尾分析清楚才决断，深思熟虑的程度令人望尘莫及。这类人自信心强，会早早就决定自己的人生目标，不过这类人也十分固执，就算错误也不轻易更改。对这类人来说，有时也要懂得妥协，免得一生痛苦。

第五节
第六感的色彩

也许你觉得第六感是一个看不见摸不着的东西,其实不然,它就如同我们的心灵有其颜色一样,它也有着多种多样的颜色。

有一个笑话,说一个富家女孩刚从驾校考到驾照,第一次就开着辆豪华的敞篷跑车上路了。在一个绿灯亮着的路口,她的车子熄火了,紧张之下,怎么打也打不着火。信号灯从绿灯变成了黄灯又转成了红灯,由于那恰好是条单行道,后面的车越积越多,红灯又变成了绿灯,汽车喇叭声响成一片……这时,一位警察来到了那个女孩的身边,他打趣地对女孩说:"小姐,你恐怕是还没等到你喜欢的颜色吧?"

虽然上面讲的只是个笑话,我们却可以从中领悟:不管是做什么样的事,一个心理紧张,第六感被恐惧、慌张笼罩的人是不可能把事情做好的。

笑话中的警察是幽默的,每个人心中都有自己所喜好的颜色,而对某种颜色的喜好,相信没人能找出经自己理性归纳的理由。是的,偏爱某种颜色是不需要理由的——这就是第六感的直接选择,从你第六感的直接选择结果,也就可以看到你第六感的主要色彩了。

我们每个人的第六感都是一个彩色体，在这个彩色体中有一种占面积最大的主色体，其他颜色各占一定面积。第六感的色彩是动态变化的，随着每个人身处环境和所受影响的不同，它会慢慢变化。但不论怎么变化，它的主体色彩都是与心灵底色有着一定关联的。多数人的第六感色彩与心灵的底色是相一致的，但也有很多人的第六感已因后天的自我调节，而与心灵的底色相背离了。

接下来，先跟随我们的文字，找一找你第六感的颜色吧。

问题1：你选择什么颜色？

A. 黑色；B. 白色；C. 红色；D. 绿色；E. 黄色；F. 蓝色；G. 紫色；H. 橙色；I. 咖啡色。

从以上9种颜色中，根据自己的第六感（直觉），依顺序选出你最厌恶的、次厌恶的……最不厌恶（喜欢）的颜色，排好了颜色，基本上就是为你的第六感上了颜色。排在最后的那种颜色，基本就代表了你第六感的颜色。

最后选出的第9种颜色，是了解你的第六感的颜色，但是有一点必须注意的是，不要与喜好的服装颜色相混淆，因为你第六感所喜好的颜色，与你所喜欢穿的颜色是不同的。比如说，一个非常喜欢绿色的人，并不一定就喜欢穿一身绿，反而是他第六感有些厌恶的蓝色更适合他穿在身上。

答案：

A. 最后选择黑色的人

第六感是黑色的人，并不是说他内心就是黑色的、阴暗的，总是预感到黑色的事情；相反这种人一般是个拥有不可思议的魅力之人，这种人的周遭总是散发着一股神秘或孤独的气氛，给人不易接近的印象。这种人全身散发着优雅的气质,且有极高的自尊心,一般不愿让人探知其内心真相。

B. 最后选择白色的人

白色是象征纯洁的颜色,也是表现神圣和理想的颜色。第六感是白色的人大多不会将自己的感情清楚地流露在外,在看待事物时不会只在意外表的光辉璀璨,他会进一步探索内在的本质。这种人不喜欢受人瞩目,也不喜欢很抢眼的东西。其实这种人拥有不少突出的优点,例如这种人个性实在,做事脚踏实地且努力认真,诚实又有强烈的责任感。因此,第六感是白色的人,一般都深受他人信赖,别人总是喜欢把事情相托于这类人,或向他们请教各种事情。

C. 最后选择红色的人

红色是代表精力和行动的颜色,而红色的食物或饮料也通常具有提神醒脑的功能。比起一般的杯子,用红色杯子喝水、喝饮料,更能感觉好喝,且心情也会变得开朗起来,这也是我们第六感的反应。第六感属红色的人,个性积极,充满斗志,而且意志坚强不轻易屈服,凡事依照自己的计划行事,一旦无法实现便觉得不顺心,但会充满斗志抗争到底。如果完全不依原先所预期,又会有猛烈反弹的举动。尽管如此,无论碰到多少困难,都不能轻易打倒这类精力充沛的人。

D. 最后选择绿色的人

绿色是红与蓝的中间色彩。第六感属绿色的人,性格给人的印象也是在这两种颜色的中间。他们往往既有行动力,同时又能沉静思考,拥有截然不同的两种特质——也就是兼具优雅与理性,喜好寂寞又谨慎保守。这种人很理性,不管事态多混乱,都不会偏颇一方,坚守自己的立场,冷静地处理事物。由于性情冷静,他们行事大都不会逾越本分，面对任何事都能冷静处理，而且绝不感情用事，所以备受多数人的信赖。在任何情况下，此种人都会心平气和地去面对，对于别人的请求或委托，也总是欣然接受。

E．最后选择黄色的人

与金属相结合的黄色，是理性思考事情的"理智之色"。看到黄色，便容易提高自制力和注意力。第六感是黄色的人适合从事比较机械、比较严谨的工作，大多属于理论家类型。这类人虽然才能出众，但却容易恃才傲物。由于自尊心强，又对自己的能力极具信心，因此，期望获得他人赏识的心情也很强。尽管如此，有时又能温顺服从，表现出合作的个性。概括来说，这类人是生命力真正强盛的人，除非遭遇很大的困难，否则都是很镇定和冷静的。

F．最后选择蓝色的人

蓝色是天空和海洋的颜色，正巧和红色所具有的形象相反，它象征冷静和浪漫。一看到蓝色，可使人的心情安定沉静，同时提高想象力。第六感属于蓝色的人，个性温柔敦厚，有丰富的感受性，是个优雅的人。此种人既敏感又易受伤害，当他们一个人独处时，常无法忍受那种孤寂，所以常常渴求恋爱的对象，盼望能享受到温柔的爱。对他们来说，与其爱一个人，不如被一个人爱。因为他们大都待人诚恳，所以颇受周遭之人喜爱，容易得到他人的好感。

G．最后选择紫色的人

紫色，是红和蓝两个性格极端颜色混合而成的，因此，第六感是这个颜色的人充满着神秘不可理解的复杂情调。这是个个性化的颜色，艺术家和文学家易选择此颜色。设计家或美感敏锐的人，尤其喜欢此颜色。具备这种第六感的人，不喜欢平凡事物，常常有独特的构想，内心强烈渴求自己的才能得到世人的肯定，有时甚至会显得太过虚荣，装饰过度。对这类人的建议是：面对知心朋友，不妨坦率以待，这样有助于别人理解你真正的想法。

H. 最后选择橙色的人

橙色是比较讨人喜欢的颜色，第六感是橙色的人一般都具有出众的社交性格，他们可以与任何人融洽相处。这种人最适合从事推销员、空中小姐、旅馆服务员的工作，经常笑脸迎人且愿意先向人打招呼问好。喜欢与人相处，不喜欢独处。喜欢上别人时，通常以朋友的身份爱慕对方，而不会以大胆热情示人。另外，这种人非常喜欢新鲜事物或是稀奇古怪的东西，对人生拥有永不熄灭的情趣。

I. 最后选择咖啡色的人

咖啡色是深沉而朴素的颜色。第六感是这个颜色的人，其服装嗜好也偏爱不华丽但富有韵味的款式。正因为这种倾向，他们很在乎事物内层的精神性表现，所以很能了解人世间的寂寥和孤寂。虽然他们的存在并非引人注目，但是内在却具有良好的潜质。由于诚实又富有责任感，他们很容易被别人接纳。但是，有时由于太过于孜孜不倦，而显得有些不知变通。此外，他们对于容易明白的事情，偶尔会用力过度，做无谓的深刻思考。

问题2：你喜欢穿/最常穿什么颜色的衣服？

A. 黑色；B. 灰色；C. 白色；D. 绿色；E. 黄色；F. 蓝色；G. 紫色；H. 橙色；I. 咖啡色；J. 红色。

对颜色直观的喜爱，反映的是第六感的颜色，对衣服的喜爱选择，就是第六感所擅长表现出的色彩了。不同色彩的衣饰，反映出了一个人的许多特征，通过这些表现，可以判断一个人的财运、健康、事业、人缘等指数（关于第六感与爱情的关系，我们在后面独立设章介绍）。接下来就看看你的穿衣色彩的密码吧。

答案：

A. 喜欢穿黑色衣服的人

黑色是一种能给别人留下神秘、高贵以及专业印象的颜色，许多时尚设计师往往会偏爱这种颜色。但这其实是它的表面，实际上喜欢这类颜色的人是比较缺乏创意的。黑，可以说是现代人成功的最大障碍，总是喜欢把黑衣服穿在身上的人，多少都会是一个不太善于人际交往的人，黑色是他们的第六感不自觉地选来用以遮掩自己内心的不安或恐惧的。

财运指数：–80%；像上面我们所说的，财运基本是不会光顾内心恐惧、缺乏创意的人的。

健康指数：–30%；以黑色作为自己的外表色彩，不利于机体健康。我们知道多数很酷的人会一身黑色，实际上酷本身就是以牺牲自身一定的健康为代价的，这方面你们可以留心一下。

事业指数：20%；如同上面我们所说它的表面看起来所具备的神秘、高贵及专业印象一样，他虽然看起来似乎是领导级的人物，其实也不尽然。

人缘指数：–60%；黑色意味着黑暗、看不见，第六感的直观选择黑色，说明内心自闭，不愿对外敞开，其人缘可想而知。

B. 喜欢穿灰色衣服的人

我们可能都知道"非黑即灰"在流行时尚界已经是一个千古不变的准则。第六感喜欢选择用灰色衣服包裹自己的人通常会是一个不容易相信别人的人，但是他们凡事一定会处理得非常完善才认为是大功告成，否则他们宁愿不做——有些完美主义倾向。不过，他们很少会把事情随便交给别人来做，除非那些少数几个已经取得了他信任的，但就像这类人对爱情不信任一样，取得他们的信任是一件非常难的事情。这类人之所以对爱情没有太大憧憬、对别人不会太过信任，其实是因为他们的内心深处只是担心受到伤害而已。

财运指数：40%；与黑色不同，第六感裹以灰衣服的人，取得成功的机会还是比较多的，有了成功，当然利益也会随之而来。

健康指数：20%；不透明的灰色比黑色要好一些，但也仅只是好一些而已。

事业指数：70%；由于这类人有些完美主义倾向，凡事一定会处理至非常完善才作罢，所以如果他们想功成名就，其可能性还是很大的。

人缘指数：-30%；对自己苛求，对别人也苛刻；加之这类人很难对别人产生信任感，所以其人缘指数较差。

C. 喜欢穿白色衣服的人

在所有颜色中，白色是一个最纯净的色彩，男性朋友们的衣橱里一般总会有两三件白色的衬衫。第六感喜欢白色服装的人，应该是一个追求完美的人，对自己苛刻算是他们的缺点，但是如果当他们发现有什么东西可以让自己更好而需要改变方向的时候，他们也会立即行动，毫不迟疑，就这个角度来看，他们又有实际的一面。常穿白色衣服的人内心会经常觉得寂寞，所以他们一般都渴望引起别人的注意和关心，如果别人能爱慕他一下，那他们会极其高兴甚至有些得意忘形。不过他们不太喜欢别人没有理由的烦琐客套，所以在跟他们不是很亲近的人的眼里，他们是那种既希望被爱又怕受到伤害、既做作又喜欢钻牛角尖的人。

财运指数：10%；不要只指望单调的色彩给你带来财运，财富本来就不是一个简单易得的东西，过分的纯净，只会让它与你渐行渐远。

健康指数：90%；有最高的透光率，让这类人能够接受大量外在的能量，健康自然有保障。

事业指数：70%；白色很容易与其他颜色搭配，在工作上也是如此，容易搭配的特征，让这类人很容易在事业上更上一层楼。

人缘指数：30%；虽然这类人在工作上容易与人搭配，但是由于他们过度纯净、挑剔，甚至会有洁癖，这就让他们在人缘指数上大打折扣了。

D. 喜欢穿绿色衣服的人

绿色是一个富有生机的色彩，它所暗含的往往是生命诞生和延续的意义。第六感喜欢选择穿绿色衣服的人，其个性谦逊平实，不爱与人争长论短、好勇斗狠，他们因此而有着很高的人气指数。正如绿色同样会象征着和平一样，和善、可亲是这类人另一大特色，基于此，这类人对于即使自己不喜欢的人也不会刻意地排斥或疏远。这类人道德感强烈，个性爽直，平时话不多，可是一旦遇到投缘的对象，他们又有点"人来疯"的样子，可谓是话逢知己千言少。这类人有着非常优秀的做事基因，他们会为了做好每一件事而给自己设定严格的标准，虽然到头来也许因为标准过高而成功率降低，但他们总能自圆其说地将这一切否认得一干二净，这也不失为他们的可爱之处。我们对这类人的一个小小劝诫是：如果每件事都给自己压力，是跟自己过不去，人生就没有什么快乐了。

财运指数：90%；这类人善于理财，懂得开源节流，勤俭持家，能如此者，自然财源滚滚了。

健康指数：100%；平和的脾性，不喜欢和人争长短、淡名利，淡定的心性，让这类人一切都看得开、过得去，容易满足，这类人即使身遭病患，也能以健康的心理来对待，可以说，无论何时，他们都是与健康沾边的。

事业指数：50%；由于性格平和率直，没有好勇斗狠的野心，所以适合为人所用，与别人合作；当然了，即使为别人打工，也没有不断升迁爬到顶峰的野心。

人缘指数：100%；这类人不但随和可亲，而且不排斥不喜欢的人，没办法，任谁都会喜欢这类和善可亲的绿色大使的。

E. 喜欢穿黄色衣服的人

黄色是一个心灵能量的颜色，它可以加速理想的实现，并启发新颖的创意；但是因为黄色系中的衣服种类较多，有些虽然喜欢穿黄色衣服，但穿得不甚合适的人，会给人一种蠢蠢的、不合时宜的感觉。一个喜欢穿黄色衣服的人，应该是一个表达能力很强、有自己独特见解和想法的人。这类人一般都很有自己的主见，在智力、思维方面有着较强的优势。这类人通常还都具有冒险、追求刺激和新鲜的精神，对于极限运动，他们从不排斥或躲避，对他们来说，最无法忍受的是一成不变。虽然他们是幽默十足的人，但也常爱发脾气——值得庆幸的是，他们比较习惯于用沟通来处理问题，即使是在发生不愉快的情况下也会如此。

财运指数：80%；心灵力量充足的他们，只要懂得坚持正确导向，获得财富对他们来说是件不难的事情。

健康指数：90%；一个不排斥极限运动的人，绝不是一个不健康的人；这类人有着极好的运动天赋，在日复一日的运动锻炼下，他们的身体状况一般都是处于上佳状态的。

事业指数：80%；同他们的财运指数一样，只要能把自己的力量正确合适地引导出来，他们较容易取得事业的成功。

人缘指数：90%；这类人对自己和他人都很不错，一个自己生活丰富、对人又够意思的人，别人自然喜欢亲近他，其人缘当然也不错。但如果他们一味地毫无保留，也可能会有些不良的结果。

F. 喜欢穿蓝色衣服的人

蓝色是一个穿着相当普遍的色彩，冷静又感性是这类颜色的内涵。第六感喜欢选择蓝色外衣的人，他们通常有着相当强的自制力和定力，同时又在内心深处有着顽固的感伤色彩。这类人不得不说是固执的，他们属于不达目的绝不罢休的人。在工作上喜欢穿蓝色衣服的人会是个优秀的人才，坚毅与神秘的特质，又增添了蓝色的韧性和毅力，造就了这类既具有知性又具有管理特质的人，这样的人凡事都会缜密思考，比较容易成就事业。这类人以男性居多，而且有趣的是，这些男性多半喜欢自立门户，为自己打工。但是这类人不太喜欢接受别人的批评和建议，而且从心态上，他们较少以乐观的态度去看待任何事情，总会对每件事情抱以担心和忧郁。虽然他们是喜欢热闹的人，但因为他们生怕自己的言谈举止、穿衣打扮稍有不当会破坏别人对他们的感觉，所以往往他们身在人群外，心在人群中。

健康指数：20%；因为这类人常常因深思熟虑而废寝忘食，健康自然很成问题；好在他们是冷静的，在冷静状态下，他们也知道该为自己的健康投资，所以还不至于到非常糟糕的境地。

事业指数：90%；近于工作狂的状态、优秀的决策能力、冷静坚韧的品质，如此之人，在事业上不取得成功都有些说不过去，如果再能够使想象力和创造力齐头并进的话，那将是如虎添翼。

人缘指数：40%；内在的感伤，深处的悲观，总是让这类人有些情绪化的波动，久而久之可能会让身边的人对这类人敬重而保持距离甚至会心生厌烦。

生财指数：70%；在这类人身上的能力，如果加以周密的猎取财富的计划，他们是非常有"钱途"的；唯一不足的是他们可能因考虑得太多，而在蹉跎中错失良机。

G. 喜欢穿紫色衣服的人

紫色是一个既高贵又带着点傲气的颜色。常把紫色衣服穿在身上的人，多半是一个观察力和领悟力都很高的人。这类人通常具有不错的文化素质和涵养，往往以艺术工作者居多。又因为紫是由红和蓝结合而产生的色彩，所以它包含了精神和肉体的定义，可以说紫色是控制情绪的最佳辅助品。但是常穿紫色衣服的人又有些自视清高，对于不属于同一领域或和他不是一个水平的人或事情，往往会表现出不屑的态度，容易让周围的人觉得他们矫揉造作，对他们的行为感到不自在。还好，他们似乎也并不在意这些人对他们不认同的态度。

紫色是一个难穿的颜色——很多人穿上它，衬不起它的气质来。第六感喜欢以紫色作为外表的人，一般都有着较高的文化涵养和气质；这类人的观察力和领悟力一般都很高，往往以艺术工作者居多。

财运指数：90%；紫色又被称为贵族色，有着很好的财运指数。但是要注意穿衣搭配，如果搭配不当，对财运则有一定的不良影响。

健康指数：40%；由于这类人一向自视过高，所谓高处不胜寒，时间久了，必然从精神到身体方面都会出现健康隐患。

事业指数：20%；由于这类人做事有些让人琢磨不定，虽然他们要的只是精神上的寄托，但是具体到事业工作，难免要大打折扣。

人缘指数：20%；清高的姿态，加之装腔作势的行为，势必会让这类人失去大家的亲近，即使是他们想维系好的关系，也可能因对方的误会而渐行渐远。

H. 喜欢穿橙色衣服的人

橙色是一个高亮度的颜色，给人一种温暖的感觉，第六感喜欢穿橙色衣服的人拥有开朗的笑容和充沛的活力，使他们常常成为人群中的焦点而人缘奇佳，但往往也会因为不轻易得罪人使自己显得没有原则。这类人害怕孤独，喜欢热闹，他们会参加各种活动来吸引人的注意，并且会和不同层次的人相处得非常愉快。但是常穿橙色衣服的人做事优柔寡断，又很善变，使身边的人感觉他们轻浮而不稳重。

财运指数：90%；偏黄的色彩一直是荣华富贵的代表色，只要自我定位恰当，不犯太低级的错事，确实很有生财的潜力。

健康指数：80%；朝气蓬勃，热情而富有生命力，他们的健康状况当然不错，但切记不可过度，凡事过犹不及。

事业指数：65%；冲劲十足但后劲不足，对这类人来说，前期冲开多大的成功格局，基本就是多大了，虎头蛇尾是他们常见的毛病。

人缘指数：80%；开朗的笑容，亮丽的格调，总能让他们吸引着一些有活力的人聚集在身边。

I. 喜欢穿咖啡色衣服的人

咖啡色给人一种稳定和安全的感觉，虽然让人觉得老气，但却有一种表里如一的权威感。常穿咖啡色衣服的人，外表冷静、内心热情。他们会习惯脚踏实地地去做每一件事情，纵使遇到挫折也是有苦自己咽，绝不让别人看到自己脆弱的一面，就算是在最糟的情况下，仍然能燃起希望之火，相信自己能够度过一切艰难险阻。虽然这类人外表安详，但有时发起脾气来又是意想不到的火爆。常穿咖啡色衣服的人在情感的表达上多少让人感觉有点木讷，经常会和令自己心仪的人失之交臂。他们又经常为情所困，为爱所苦。

财运指数：30%；这类人虽然看起来有富贵气息，但由于太过压抑，难以顺利伸展；在理财方面，他们常常会省小钱，花大钱，所以他们的财运指数偏低。

健康指数：80%；虽然欠缺年轻的活力气息，但是规律的生活让他们能够保持着良好的健康状况。

事业指数：90%；做事业最不可缺少的也许就是他们这种冷静沉稳的性格特征，他们懂得自己事业的重要性，也懂得如何一步步切实地将计划变为实践，遇到困难挫折永不言败的战斗精神，非常适合成就一番事业。

人缘指数：70%；不得不说这类人是非常不错的朋友，他们从不会对朋友有太多的要求，稳重可靠的特征，让他们人缘自然好得不得了，美中不足的是异性很可能认为他们简直就是块榆木疙瘩。

J. 喜欢穿红色衣服的人

红色是看上去能让人精神振奋的颜色，只是过度的振奋又会让人精神紧张、脾气暴躁。第六感喜欢选择红色的人，应该是个野心勃勃精力旺盛的人，这种人会对自己所钟爱的事情投入百分之一百二十的热情，若他们遇到难以克服的困难，则会迅速丧失高昂的热情，回到原点。这种人都算得上是乐天派，即便是有人忧心忡忡的时候，他们也会看到乐观的一面，并热心地劝解别人说：没事的，这点小糟糕根本算不了什么，挺过去了你就升级了。这类人的情绪起伏较大，与他们比较亲密的人，也许会觉得其忽冷忽热。虽说如此，但他们并不是难以捉摸的人，相反他们大都心直口快，经常会毫不保留地把自己认为对的想法脱口而出，从不考虑别人的感受，也不在乎可能产生的后果。本来这倒也不算是他们的缺点，但是他们常常没有承担过错的能力和自我反省的勇气，习惯把责任归咎到别人或外在不可抗拒的因素中，这就是他们最常见的自以为是的缺陷了，若能克服这点，喜欢穿红衣服的人，还是蛮可爱的。

财运指数：90%；红色绝对是一个让人红火兴腾的色彩，如果个人的选择方向不错，再加上红色特有的热情，其获取财富的可能还是非常高的。

健康指数：60%；火热的性格让这类人喜欢多种运动，健康自然有保障；但是因为过于急躁的脾性，而容易导致胃肠疾病或运动受伤。

事业指数：95%；近于满分的事业指数，他们的企图心、他们的积极心态、他们敢于实践的勇气，都是助他们取得事业成功的强劲助推力，唯一的不足是可能"心急吃不上热豆腐"。

人缘指数：50%；一半对一半，一半人被这类人的个性所吸引，受得了他们，甘愿聚在他们周围，另一半的人则因为他们的过度强势和霸道而对其敬而远之。

第六节
第六感告诉你适合哪类工作

在多彩的世界中，每个人都扮演着不同的角色，但是并非每个人都在扮演适合自己的角色。自有人类文明记载以来，最伟大的变化也许就是社会分工，分工的出现，让人类有了提高生产力、发展文明的可能。现阶段的社会，是分工精细的时代，每个人的职业、工作，都是社会大机器中的一颗螺丝钉。每个人都有着不同的性格，不同的性格对应着不同的工作，你适合哪种工作呢？

第六感是人心灵潜意识的漂浮物，它是最能反映人的内心真实的一种感觉，对于工作的选择，你可以借助第六感的判断。下面有几组题目，请依次读下去，并根据提示，以自己的第六感（而不是以大脑思考）为判断依据。

第六感告诉你适合哪类工作

下面各项，都是在描述"你是怎样的人"，根据第六感你觉得准确或基本准确的请标记为"√"；如果觉得不准确请标记"×"；就算对描述准确与否不太确定，也请根据第六感做出直接的选择。

A 组

1. 当与别人有不一致的意见时，总是会与对方展开讨论，甚至为此而争论不休。

2. 只要自认为自己的观点正确，便会坚持己见，不做轻易的让步。

3. 不忌讳在公开场合阐述自己和他人或群体不一致的意见。

4. 当被别人激怒时，会很明确地向对方表达自己的看法。

5. 会为了达到自己的目的而故意虚张声势，以图蒙混过关。

6. 喜欢以牙还牙地打击那些令自己讨厌的家伙们的气焰——让他们嚣张，谁说绝对是我的错。

7. 在对待自己的朋友上，经常是直接指出对方的缺点或过失。

8. 多少有些神秘或跳跃，让人难以捉摸透。

B组

1. 非常有计划性，任何事都处理得井井有条。

2. 对所列的计划（一周或更长的时间）能坚持完成它。

3. 当开始了一项新的工作项目，尽管别人已对你丧失了耐心，你仍要完成它。

4. 喜欢严格和有力的监督管理。

5. 总是急急忙忙早早地赴约会。

6. 凡事不到最后关头不会采取行动。

7. 做事情，宁可做得细致，也不愿做得快。

8. 喜欢关心细节问题甚于事情的整体。

当A组正确的个数多于5个，B组正确的个数多于5个，你的职业种类是以生产为中心，工作类型是机械型和户外型。你对工作的要求是有符合你特点的事情可做，公司要有严格的管理监督制度，有明确的决策，并且你能得到实际的利益；在压力面前你会变得没有同情心，容易冲动，紧张烦躁而没有耐心，让人感觉你比较专横。

当A组正确的个数少于4个，B组正确的个数多于5个，你的职业种类是以程序为中心，工作类型是数字型和职员型。你对工作的要求是知道自己要做什么，希望公司是一个团结的集体，工作按照步骤有条理地进行，并且有界限分明的权力等级制度；在压力面前你会变得太实际，害怕突如其来的事情，而对任何的改变都会进行抵制，让人感觉你太固执己见。

当A组正确的个数多于5个，B组正确的个数少于4个，你的职业种类是以人为中心，工作类型是游说型和社会服务型。你对工作的要求是希望公司有明确的竞争机制，大家能够对每一个项目都展开讨论和争辩，自己能够在工作中不断地接受新鲜事物而改变自己,并且能独立地做事情;在压力面前你会变得保守,比较在乎自己的面子问题,让人感觉你好争论又拒绝守规矩。

当 A 组正确的个数少于 4 个,B 组正确的个数少于 4 个,你的职业种类是以思想为中心,工作类型是艺术、文学和音乐型。你对工作的要求是希望公司有一个宽松的环境,同事之间是亲密的人际关系,不用刻意地进行一些无谓的社交活动;在压力面前你会变得对批评较为敏感,作决定时犹豫不决,让人感觉你容易受到伤害并且沉默寡言。

如果你的 A 组正确的个数为 3 个或 4 个,B 组正确的个数为 4 个或 5 个,那你就应该具有不止一种类型的特征。因为,在你的答案中只要将一两个略作改动,你就会被归入另一不同的类型中去,这类人可以做一个补充题目:

古时候,有位国王将两条 20 米长的绳索分别交给两个儿子,告诉他们要把绳子在地图上围起来的土地分给他们,但不能用圆形或三角形,只能用长方形。绳子虽然同长,弟弟围起来的土地仍比哥哥多了 10 平方米,为什么他会比较多呢?

A. 哥哥很老实而弟弟则耍了个小伎俩。

B. 不为什么,两兄弟按规定各自用各自的方法测量。

选 A 说明你是个职员型,尤其适合从事公司里的协调工作。你不炫耀才能,不受人敌视,人际关系良好,也就是说你是个含蓄而善良的人。

选 B 项的你是个管理型,适合当经理或担任业务方面的职务。你很懂得如何赚钱,也可以自己做生意,但别人都认为你是个要加以防范的人。

第六感告诉你擅长什么

假设你是一个侦探,遇到这样一个命案:一人在家中死亡,接到报案后你马上来到了现场,你发现有一人躺在地上,是一刀毙命的。这时,你的第六感告诉你,死者是如何死去的?

A. 分析伤口部位,判断他是不小心跌倒,插到刀子上而死的;

B. 他是被鬼杀死的;

C. 他是自杀的;

D. 他被人谋杀了。

选择 A 项的你是一个很客观并追求真理的人,分析和观察是你的长处,运用逻辑推理也是你的兴趣,所以,你很适合学习和研究有关抽象概念方面的学科,比如科学、数学、哲学方面的学科。正因为你的分析能力和推演能力都很强,所以你的记忆力也不会差到哪里去。只要你下功夫去学的话,所有的学科都会有很好的成绩。

选择 B 项的你是一个想象力丰富的人,而且还是天马行空的幻想者,很有创意性,至少不会是传统经验的刻板反应。所以,要你去死背一些没有想象空间的知识,是逼着你去浪费时间。像你这种有高度创意性的人,最好去学习如何创作,或是如何去欣赏艺术品,给予艺术品以全新的诠释。

选择 C 项的你是一个很主观的人,因为现场还没有很充足的证据可以显示是自杀的,你可能以现场没有第二者而下这个判断。由此可推论出,你是一个习惯单向推理思考的人。这种单向思考夹杂着个人的主观性,常常会让你做出错误判断,因此你也是一个不善思考的人。但是你能遵循一个模式思考，很适合去学习数理方面的学科。

选择 D 项的你是一个很遵守传统经验的人，很适合去学习不需要用脑的工作。因为你很习惯去接受别人设定好的知识和得出的经验，不管它是对还是错，你都会接受。因此，需要推理、分析方面的数理化学科，一定不适合你。

第六感测试你在办公室扮演什么样的角色

假设每天上下班，你都会饱尝等车和挤车之苦。而今天你更是等了好久，也没见到你所等的公共汽车的影子。这时的你会习惯性地采取下面哪一种等车的姿势？

A. 把手放在背后，或是不断地看手表；

B. 把手插在口袋里；

C. 双腿交叉地站着；

D. 找一面墙靠着。

如果你选的是 A，那看来你是一个企图心很明显的人！你很讲求效率和成效，一想到什么事，就要立即做到才行。这样的个性，在你的脸上表现无遗，所以你也是一个不适合耍心机的人。有些"血淋淋"的斗争，其实你并不喜欢，但因为怕别人的闲言碎语，就虚情假意地做着。明刀来明刀去，才是你的标准作风。

如果你选的是 B，那么你必定是个最聪明的人了！在办公室里，你是一个有城府的人，做什么事，都会经过详细和周密的筹划，是最不按常理"出牌"的人。在你笑脸的背后，也许隐藏着什么重大的阴谋。正因为你把聪明全放在人际的周旋上，而对业务关心减少，所以往往聪明反被聪明误。

如果你选的是 C，那么在办公室里你的角色，有点像一个小可怜虫！虽然做什么都是实干苦干的，可就是对自己缺乏信心，别人随便吼你两句，不管你是不是有理，总是会吓得个半死。虽然你每天都立志要做一个有主见的强人，可是总是有点事与愿违，所以还是努力提高业务，增强自信心吧！

如果你的选项是 D，在办公室里，你这样的人，通常心智还没有真的成熟。情绪管理的 EQ（情商）比较差，阴晴不定的表情常常会挂在脸上。做事好像也是随性而为，心里不高兴就摆张苦瓜脸待在那儿。如果有人在这时请你做事，就好像是他的不对一样。

第三章

驯服第六感,做心灵花园的主人

既然第六感是有迹可循的,
熟悉了它的脾性后,还可以加以驯服,
让它更听话、更积极地为你服务。
如果把第六感比喻成一匹心灵之马,
那么你做好驾驭它的准备了吗?

第一节
向潜意识传达我们的命令

我们知道，每个人都有藏在心灵里的潜能量，每个人都有着可以提高的第六感，我们每个人都可以通过认识自己的潜意识来开发自己的潜能量。在认识的基础上，我们就可以进一步驾驭它，让它为我们效劳。要想认识并驾驭这股强大的力量，就必须与承载它的心灵进行沟通，把你的命令，写成它能解读的程序语言输送给它，让它按照你的意图来执行。一句话概括说：要想驾驭心灵，就必须先要了解心灵。

人的心灵并不是一个简单的构成，它是由两个功能和性质完全不同的部分构成的。比如说，在平常我们的口中常会说到"意识""潜意识""主观意识""客观意识""自主意识""非自主意识"等词汇，这其实都是它不同的名字，而它每个名字都有对立的两个指向。那么我们的命令要传达给谁？把命令传送到哪一部分？以怎样的方式，才能激活我们的潜能量？

如果把心灵比作一个花园的话，那么我们就是自己花园的园丁——心灵花园的主人、服务者。在心灵的花园中，我们常常自觉或不自觉地播下思想的种子，并且等待收获。这些"种子"往往来源于我们的习惯性思考，它们多数是无意识的，很难受显意识的控制，第六感便是其常见的表现方式之一。

第六感就植根在这片心灵的花园中，它们种类繁多，各式各样。你今天种下一颗鲜花的种子，来日就会收获一株美丽的鲜花；你昨天种下的若是一棵毒草，今天饮到的可能就是它的毒汁。在心灵的花园中，不论你种下什么样的第六感，它都会来者不拒，统统给予土壤和肥料，助其生长。在这里，我们的每一个念头都会成为"因"，而我们身边的一切，都是以前原因所结出来的"果"。这也就解释了为什么掌握、驾驭自己的心灵是非常重要的事。

在美国，有一位心灵研究专家在一篇探讨潜能问题的专著中曾说：如果你的心灵能够正确地思考，并且不断地把富有创造性、建设性的想法注入你的潜意识，那么你潜意识的力量就会在一片平和中发挥作用，为你带来令人满意、富有活力的生存环境。只要你开始控制你的思维流程，你就能有意识地左右潜意识，利用它的无限潜能量，解决你遇到的任何麻烦。

沿着这个思路想象下去，你会明白，我们的环境，实际上就是我们心灵的投影，就是我们潜意识的产物。潜意识直接作用于我们的生活，它能为我们解决难题，它所采用的常见方式就是以第六感的形式直接告诉你该怎么做。

向潜意识传达我们的命令，这是我们要做的，但并非每个人生来就具备这种超常且准确的命令程式。大多数情况下，我们会因为生活中的变故，而使命令机制发生混乱。

歌王卡罗索是在录音技术发明后第一位灌录商业性唱片并发行到全世界范围的歌星，但是你可能不知道的是，他也曾一度被舞台恐惧症所困扰——每当站在舞台上时，他就会喉头痉挛发不出声。有一次，在一个盛大的演出中，他就要上台了，幕布的前面，成千上万的观众正热切地等待着他一展歌喉，而他却站在后台，紧张得浑身冒冷汗。

他不知道自己是不是被魔鬼控制了，他颤抖着跟自己说：完蛋了，我唱不出来，我的演艺生涯就要在此终结了，观众肯定会嘲笑我的！他听了自己的这个心声，颓废地抱着头退回了更衣室，就在他万念俱灰的时候，他听到内心灵光一闪，一个强有力的声音大声喊道：滚开！无耻的"小我"，你想把"大我"掐死吗？别不自量力了，我要歌唱！卡罗索一下子觉得充满了力量，充满了要歌唱的渴望，原本让他觉得压力巨大的台前观众，现在成了他渴望见到的知己好友。没错，他心中的潜意识给了他一个全新的第六感，这个全新的第六感，完全改变了他的心理程式。

当他信心满满地走向舞台时，现场指挥发出了开始的信号，伴随着优美的配乐，他发出了雄浑有力的声音。这是一次成功的演出，观众久久陶醉在他的歌声中不能自拔。

我们进一步分析一下卡罗索的经历，就会发现他在驾驭心灵、控制潜意识方面做得非常正确，他无疑知道自我意识的两个层次，一个是理智充分得到知觉的意识层次，另一个则是理性不能直接感知到的潜意识层次。对此他很明白，而且做出了合适的控制。

潜意识的反应是非常敏锐的，当一个人的意识层次充满恐惧时，潜意识中的负面力量就会被释放出来——你自己播下的恐惧种子，就形成一股笼罩你的恐惧第六感，将你完全控制——这时你就会更加恐慌，各种不祥的预感和绝望的心情纷至沓来。这时你所要做的是应该像卡罗索那样，用一种绝对正面的语言，击退恐惧的心理，唤醒潜意识中积极的种子，生出正面的、勇敢的第六感，以此来扭转局面。

使用肯定、权威的语气来激活潜意识中的积极之"因",你会惊喜地发现,你的心灵会受到多么深刻的触动,你的潜意识会做出多么积极的响应。潜意识是意识的主宰,同时它也会听命于意识的诱导,你要做的正是用意识来诱导潜意识释放出正面的力量。

如果说心灵和潜意识是一艘巨大的邮轮,那么我们的显意识就是站在舵前的领航员,他的命令传达到下面的动力舱,船员们就开始操作蒸汽机、位置计量器等一系列复杂的设备,给这艘邮轮以动力。其实这些船员们并不清楚自己将要前往什么地方,或许他们知道这一次航行的目的,但他们根本不知道如何行进。他们要做的只是接受命令并忠实地执行罢了,即使前面有冰山挡道,他们也会遵照命令撞上去。当然,如果一个领航员下达撞击冰山的命令,那他不是有问题就是要自杀了。这些船员们就好比是潜意识,它不知道海面的状况,它只知道服从命令、提供能量,所以,我们作为领航员的显意识,必须为船的前进方向负好责任。

我们传达给心灵的命令需要具备以下两个条件:

第一,命令必须具有明确性,不能模糊,否则潜意识将无法识别,或因识别有误很可能发出偏离"航线"的力量。

第二,命令必须直接通达,不能拐弯抹角。潜意识总是全盘接受命令,并且不折不扣地将其执行到底,所以无论你让它做什么,都应直接传达。

由于这两个条件(其实也是心灵中的潜意识接受命令的特征),当我们发现需要驾驭潜能量做某事时,或者潜能量的驾驭出现问题时,就可以采用命令疗法,与心灵建立直接的联系,改变被动的局面。潜意识的力量会根据隐藏在话语后面的感情和信念发生作用,只要命令到位、准确，它就能够启动相应的"因"之种子，激发"果"之第六感，为你提供源源不断的力量，来应对复杂的局面。

第二节
潜能量的控制

很显然，我们的显意识都是建立在潜意识的基础之上的，当我们的显意识过于强大时，就会遮蔽了本我，潜意识的地下之门就会封闭，这时我们就需要找回开启潜意识之门的钥匙才行。

如果你开车上下班，你也许会有这样的经历：你每天开车前往固定的目的地上班，某一天在你平常走的道路上开始施工，车辆稍多就会堵塞，于是你为自己计划了另一条路程稍远但畅通的路线，然而你却还是一次又一次地把车开到了施工路线上，这说明，潜意识在替你的显意识作出选择决定，它以第六感的形式帮你选择了一条"老路"。当你在早晨匆匆忙忙地起床，你的意识思维早就被各种工作计划、任务和其他要紧的事占满，你已经无暇想起因为施工而设定的新路线，这时你的潜意识就起作用了，它激活你所熟悉的第六感，引导着你发动汽车，开上你所熟悉但已经拥堵的"老路"。

这就是潜意识的控制力，而且有弊也有利。它的有利之处是，可以为我们的显意识节省很多的精力，让我们以最省事的方式作出选择，也就是说，除非你可以调整自己的潜意识习惯，否则你都会按照它既有的程式作出相应的选择，无论是走路、生活还是工作，无不如此。

确实，虽然你已经有意识地注意到道路因为施工而非常拥堵，而且你知道按照以往的时间，走以往的老路去上班，必定会迟到，但是你的潜意识在还没有调整，新的命令没有生效传达前，它的控制力还是存在的，它旧有的程式还是有效的。这时你就只能面对这样的困境：潜意识还在控制着你，你在它的程式命令下转动方向盘走上了走过上百遍的老路，也就只好在拥堵的车队中按着喇叭，长吁短叹了。

从这里我们可以得出，我们必须要正确地找回对潜意识的控制力，让它由你自己来把握，根据最新的现实状况作出调整，确定新的方向，改变潜意识中形成的习惯——这才是问题的关键。我们要有意识地与心灵、潜意识进行沟通与交流，再对它进行培训，种植新的种子，发布新的命令，培育出新的第六感反应方程式。

控制潜意识有两个基本原则：第一是要坚持信念，调动自身的能量；第二是要克服逆境，切忌转嫁责任。这里首先要强调的是信念，这是一个从内向外的过程，就是说要先了解你自己是谁，你喜欢做什么，你想要的生活是什么样子的，这就好比是人心灵的原风景，是潜意识的根据地，你要去体会它，体会到它的真实面目了，你就可以了解生命对于自己的召唤是什么了，有了它也就有了坚定的信念，信念会赋予你以生命的活力和目标，使你更能克服逆境和困难，实现自己最终的理想。

很多名人之所以成名，他们其实都源于一个很小的契机，但成名的背后，在这个契机来临之前，他们都有着异乎常人的对自己信念的坚持。他们都是拥有控制力的人，自控的力量和控人的力量在本质上都是一样的，那就是对意识的控制力。拥有了对意识的控制力，也就拥有了对于自己潜能的统治权，一个能驾驭强大潜能量的人，必定无往而不利。

坚持信念，这常常是对自己生命召唤的回应，当一个人可以做到这点时，他的内控力是非常强大的，能做到这点的人，他就是一个潜意识与显意识内外合一的人，他们之间会相得益彰地配合起来助益这个人的发展。虽然很多外界因素并不利于一个人的发展，无论是出身贫贱还是生身富贵，都会有很多不利于自身发展的因素，但关键是看一个人可以做些什么，以及如何尽力地利用外界的资源。如果一个人不了解自己，和自己心灵的故乡原风景是相背离的，那么他的发展生涯就会是外控的，即是受外界因素控制的。也就是说，他很容易随外部环境的变化而变化，这个外部因素，可能是主流的价值观念、可能是父母的喜好、可能是朋友的偏见，总而言之，作为一个对自我、对自我的潜意识没有统治力的人，在自身的发展遇到困难时，必然会将希望寄托到外界环境的变化或者他人的身上。这样的人就是那些对生活充满抱怨的人，他们不满意外在因素没能让自己发展，他们忘记了自己内在的力量可以改变外在的环境。

如果我们不能取得心灵的统治权和潜能量的调配权，我们就会令自己感到无助，在事情面前会感到无力，自我的价值感就会越来越低，从而变成一个不能为自己负责的人，到那一天，你会感到自己面目可憎。沦落到这步田地的人，是不配谈什么人生信念、事业理想的。你想一想，生活中的你，可是如此？

控制潜能量不是一件容易的事儿，它需要你有足够的耐心和坚持不懈的毅力。也许你尝试几天就会收到效果，但那远远不够，因为你的潜能量就像一个刚刚探测到的矿藏，它的容量究竟有多大，还只能估算。也许等你坚持不懈地在这个矿藏中挖掘了十年后，你看着已经挖出的累累硕果，心中感叹的不是已经挖出的，而是不无暗喜地期待还没挖出的。

第三节
激活自信、乐观的第六感

我们先来看一段故事描写：

他忽然猛地惊醒过来，看到一个几乎叫他昏倒的东西。他像酒醉一样地晃荡着，好让自己不致跌倒。在他面前站着一匹马。一匹马！他简直不能相信自己的眼睛。他觉得眼前一片漆黑，霎时间金星乱迸。他狠狠地揉着眼睛，让自己瞧瞧清楚，原来它并不是马，而是一头大棕熊。这头猛兽正在用一种好奇的眼光仔细察看着他。

这个人举枪上肩，把枪举起一半，就记起来已经没有子弹了。他放下枪，从屁股后面的镶珠刀鞘里拔出猎刀。他面前是肉和生命。他用大拇指试试刀刃，刀刃很锋利，刀尖也很锋利。

他本来会扑到熊身上，把它杀了的。可是他的心却开始了那种警告性的猛跳。接着又向上猛顶，迅速跳动，头像给铁箍箍紧了似的，脑子里渐渐感到一阵昏迷。他的不顾一切的勇气已经给一阵汹涌起伏的恐惧驱散了。处在这样衰弱的境况中，如果那个猛兽攻击他，怎么办？

他只好尽力摆出极其威风的样子，握紧猎刀，狠命地盯着那头熊。它笨拙地向前挪了两步，站直了，发出试探性的咆哮。

如果这个人逃跑，它就追上去；不过这个人并没有逃跑。现在，由于恐惧而产生的勇气已经使他振奋起来。同样地，他也在咆哮，而且声音非常凶野，非常可怕，发出那种生死攸关、紧紧地缠着生命的根基的恐惧。

那头熊慢慢向旁边挪动了一下，发出威胁的咆哮，连它自己也给这个站得笔直、毫不害怕的神秘动物吓住了。可是这个人仍旧不动，他像石像一样地站着，直到危险过去，他才猛然哆嗦了一阵，倒在潮湿的苔藓里。

这是出自美国著名作家杰克·伦敦的《热爱生命》中的一段描写，虽然这是一个虚构的故事，但却是基于现实的，相信很多有过野外捕猎经历的猎手，都会有类似的遭遇。当你与一头猛兽对峙时，如果你进攻，与猛兽厮杀，多半会被它吃掉；如果你因害怕而掉头逃跑，这正好就激起了野兽的攻击欲，它定会追上来把你扑倒。用不惧怕的"士气"将野兽震慑，或许是唯一的出路。

相对于人来说，野兽没有理性的分析判断，它们更依赖于第六感的判断。第六感是可以传播和被解读的，一个被恐惧笼罩的人，如果他没能控制好自己的气场，第六感散发出去的一定也是恐惧和害怕。相反，一个即使身体极度虚弱的人，只要他的心灵足够强大，潜意识足够顽强，散发出的潜能量足以支撑出一个强大、震慑人心的第六感。这个第六感传达出去，一定会具有势不可挡的气势。动物对第六感的捕捉是敏锐的，猛兽再猛，当它感受到这样强大的气势，若非万不得已，也一定会退避三舍的。

有心的读者如果去观察成功人士，你会发现这些人虽然各色各样，但他们却有着一些共同的特征，比如他们都有着强烈的欲望——这如同例中那个对生命有着强烈欲望的猎人一样——并充满了自信。渴望与自信，是他们成功的必备要素。

先说强烈的欲望这点，一般人总是被动地接受生活，只有在面临危机时才会去挖掘内在的潜力。如果一个人在没有危机的情况下，仍能让自己的大脑高速运转，为着既定的渴望，挖掘最大的力量，那么他一定也会是一个成功的人。

再就是自信。也许多数人都是这么想的：没有实力的人是无法自信的，想我自己硬件、软件都不怎样，我怎能自信满满呢？就算自信满满，那岂不是跟个自欺欺人的傻瓜似的？

其实不然，现代心理学研究认为，自信就是需要一定的盲目。对，就是要盲目自信。我们可以从英文构词法上来了解一下"自信"的盲目性。信心一词是"confidence"，是对某事充满期望的意思，而自信一词"self-confidence"的意思是自己对自己的将来充满积极期望。也就是说，自信和其他人以及现实的、真实的情况并没有必然的联系，它只和自己本人有关，只要一个人觉得自己能行，那他就是能行。

有一个刚刚从某重点中学毕业的高中生，在参加完高考的暑假里前往北京打工实习，他信心满满地去一家不是一级但很知名的报社应聘，可以说，他的自我感觉是非常良好的。在面试中，他的举手投足间都充满了信心——我可是××中学的高才生，来这样一家小报社对我来说实在是屈就了，不过我的目的是从实习中学点东西，还是既来之则安之吧。就是抱着这样的想法，他通过了人力资源部的初试,复试中他自信地对答给主编留下了良好的印象,他最终获得了这个有多人竞聘的实习职位。第二个星期他来上班后发现,原来跟自己同样的几个实习生,都是正规大学毕业的且已修到学士学位的新闻专业学生,而自己只不过是个什么都不懂的高中毕业生。

这里的"自我感觉良好",就是一个典型的"自信的第六感"。

那这岂不是在欺骗自己吗?没错,我们就是要学会骗自己。人可以改变自己的性格,只要他愿意改变,并相信自己可以改变的"谎言"。

在美国中部的科罗拉多州有个"快乐第六感"俱乐部,这个俱乐部的会员,不管他们来之前心情如何,进到俱乐部后就必须欢笑,甚至必须笑出声来才行,如果不能笑出声来,也得保持微笑。如果实在做不到,就会受到惩罚,被专门负责监督的人员挠胳肢窝或脚心,直到他哈哈大笑起来。

奇怪的是,不管来的人此前心情如何,在他们走出俱乐部的时候都会感到非常开心。即使他们一开始是被强迫着笑出声来的,在走的时候他们往往也是发自内心地与其他会员说笑着离开。而且该俱乐部的会员不管年龄处在哪个阶段,很少有患病的,并且其中不乏商业奇才。

"快乐第六感"俱乐部的创始人解释说:第六感是可以通过环境来培养的,而且是可以传染的。每个人都保持欢笑的状态,你接收到的一定是快乐第六感的传达。只要你愿意接受,并且调动自己脸部肌肉笑起来,你的快乐第六感就会被激活,慢慢地你就会忘记原有的抑郁,让你的心灵获得解放,并从外界得到"我很快乐"的信号,继而沉浸在快乐的状态中。

如果我们缺少信心,那我们可以用"欺骗"的方式进行培养。既然知道信心总是具有一定的盲目性,既然知道信心是可以通过培养来塑造的,那就不如骗自己试试吧。等骗得自己相信的时候,剩下的事情就不用操心了,那个时候你已经具备了非常自信、乐观的第六感,它会告诉你该怎么做的——你只要完全相信自己会成为一个什么样的人,那么第六感就会帮你成为这样的人。

第四节
不断强化升级"成功第六感"

有相关机构曾经对成功人士和普通人士展开过调查,他们发现,在做某一件事情时,成功人士比起普通人士其成功的欲望更强烈。持久的欲望强化了他们对成功的渴望,他们的第六感高度敏锐,他们的精神高度集中,认真且从容不迫地对待每一件事,面对任何事情时,第六感都能非常敏锐地给出解决事情的方向,结合他们自身训练出的经验和技能,问题便迎刃而解了。

成功与否的关键,往往只是最开始在欲望强弱上的毫厘之差,所以我们要培养强烈的愿望,要让自己的"成功第六感"不断强化升级,在你培养出"1.0版"的自信第六感后,要进一步强化为"2.0

版"，直到有一天成功被你抓住，或者愿望得以实现——也许你的愿望是永无止境的，这样更好。

能够调动大脑高速运转，能够让第六感高度敏锐的是强烈的愿望和高度的自信。很多人都有愿望，很多人都有信心，但是他们的愿望程度和信心指数都太弱，不够强烈，一遇到障碍他们就可能"转向"，进而认为自己的愿望错了，自己的信心该用在别处，为自己的退缩寻找台阶和理由。

如果我在这里说，很多人其实都是没有强烈愿望的，也许会有不少读者不以为然。曾有个较有代表性的读者来信跟我说："看到比我状况好的人，我都有强烈的、像他们一样好的愿望，我很渴望能像他们一样在夏天去北方滑雪，在冬天去南方冲浪……"我不客气地给他回信说：你这等于是没有愿望。你所说的那些只是攀比的人性，任谁都有。如果这也算是愿望的话，你都可以做一个美丽的雕塑，然后许愿让它变成美人嫁给你了（这个典故出自古希腊神话：塞浦路斯国王皮格马利翁擅长雕刻，他不喜欢塞浦路斯的凡间女子，决定永不结婚。他用神奇的技艺雕刻了一座美丽的象牙少女像，在夜以继日的工作中，皮格马利翁把全部的精力、全部的热情、全部的爱恋都赋予了这座雕像。他像对待自己的妻子那样爱抚她、装扮她，为她起名加拉泰亚，并向神乞求让她成为自己的妻子。爱神被他打动了，赐予雕像生命，并让他们结为夫妻）。

衡量愿望强烈程度的客观标准是，在你面对什么样的困难或诱惑时，你会放弃这个愿望。回忆一下你的生活，你一定会发现自己某个未能实现的愿望；再深究一下它失败的原因，你会发现就是因为它不够强烈。举例来说，如果你恰好是个抽烟的男士，相信在某一次的戒烟呼声或劝诫中，你产生了戒烟的愿望，而且尝试戒烟；

之后一段时间你仍然在吞云吐雾，相信其原因就是身体的不适感和抽烟的快感击败了你的愿望——你戒烟的愿望太弱了。

仿佛有些人是注定不能有强烈愿望的，他们的大脑生来就渴望不起来。很少有哪个穷小子打小就渴望成为百万富翁，他们也许都有一个微弱的成为百万富翁的愿望，但太微弱了，所以他们只是"渴望"明天多挣几块钱工资，后天买一处陋室娶妻生子。

也许这时读者该问了：什么是强烈的愿望？强烈的愿望是清晰的、持久的。清晰、持久的愿望有什么特点？强烈！这似乎陷入了一个解释的怪圈，其实解释无须太繁，强烈的愿望是一种感觉，你的第六感自会告诉你。打个比方说，怀有强烈的愿望就如同怀胎，怀过胎的人不用描述也知道怀胎的感觉，没怀过胎的人，怎样解释他也不能体会怀胎的感受。就是说，如果你有强烈的愿望，那你一定知道你有；如果你不知道强烈的愿望是什么感觉，那一定是因为你还没有。

那么我们该如何强化自己的愿望，升级自己的信心，让自己建立起清晰、持久的渴望和信心永恒的斗志呢？

有一个有效且简单的方法：重复。

你可以在心里这样对自己说：我要成为一个强大的人，我要把你扔出去，我要你现在爱上我……这些都只是一个很弱的愿望，有些甚至是你自己都懒得理会、实践的愿望。强大的愿望绝不是说一说就完了的事儿，你必须要找到自己真正想实现的愿望。比如在面对一个你渴望的商品又没钱购买它时，心中所产生的挣钱买下它的愿望；比如你渴望出人头地的愿望；比如你爱上一个女孩，渴望她嫁给你的愿望……这些愿望都不是说一说就完了的，你得在此后不断强化，它们才得以加深，并需要你为此付诸实践才会得以实现。

就拿你渴望娶到一个姑娘来说，这样的愿望是怎么变得强烈的？一开始你爱上了姑娘那美丽的脸庞、匀称的身材，在那之后，对她的渴望伴随着你魂牵梦萦的思念，一日、一月、一年，慢慢变得强烈，最后她成了你不可替代的梦中情人，成了你至死不渝的爱之理想。这样的愿望一定是强烈的、清晰的，也是能给你提供持久动力的。

爱一个人的愿望可以这样得以强化，其他的事情也是如此。有一句被唾弃也好，被追捧也好的至理名言是这么说的：真理是什么？真理就是重复一万遍的谎话。这句话之所以被人唾弃，是因为它不成立——真理容不下谎话，真理本身就是不包含谎话的。不过这句话在心理学中却有着很深的科学根据，因为人的潜意识是不能分辨、判断真理是非的，它只需要显意识的信号传达，它所做的只是接受、解读、储存并在一定情况下以不同的方式（第六感即其中一种方式）作用于显意识。

我们的心灵是盲目的，它只接受显意识的信息；但是显意识在它面前又是无力的，因为潜意识并不因为显意识的一次改变而改变，显意识需要重复，不断地重复才能让愿望侵入到潜意识，并在那里积淀。

愿望是否强大，决定着我们的心灵是否强大，而强化自己愿望的秘诀就是：重复。这是个有效且简单的方法，屡试不爽。重复是怎样让愿望变得强烈的呢？在回答这个问题前，我们先了解一下愿望的不同。

愿望按照其实现的时间来分，可分为长远愿望和当下愿望。我们假想一下，某个人是如何具备一个强烈愿望的？比如某人从小立志长大了要当首相，再比如武侠小说中从小立志为父报仇的，他们如何强化这种长远的愿望的呢？他们每天都重复着自己的愿望，这几乎是他们活着的精神支柱。但是对于我们普通人来说不必这么极端，也无须像某些人一样，给自己弄个文身什么的，如果你想让自己记住一个一辈子不变的愿望，那你只需每天重复三次——我渴望××××！连续这么做 21 天，21 天后这个愿望会成为你习惯性认可的愿望，会成为你植根于内心的愿望。届时，你的第六感也是围绕着如何实现你这个愿望而产生的。

21 天，每天重复三次，真的这么肯定吗？行为心理学研究发现，21 天以上的重复会形成初步习惯，90 天以上的重复会形成稳定的习惯。生活中，一个人如果戒烟，他只需连续 21 天克制住自己不抽烟，那他就算是戒烟成功了。生活习惯如此，思维习惯也不例外。90 天以后，你所重复的愿望会埋在你的心底，渗透进你的潜意识里，想摆脱都难。长远的愿望在被重复的过程中还会渐渐变得清晰，更利于你的实现，你会发现你最终的愿望跟最初的愿望虽然一脉相承，但实在判若两个。

人生最终幸福与否，其衡量因素有很多，但从起跑线上就有的决定因素之一就是强烈愿望的有无。一个在起跑时怀有强烈的、明晰的愿望的人，跟一个漫无目的的人，其结果定然是完全不同的。现在你不妨问下自己，你真的有强烈的愿望吗？

总而言之，加强你的愿望，强化你的自信是你必须要做的。你首先必须热切地想得到，这种热切地想要不是简简单单的占有，它必须是你的渴望、你的理想；然后就是重复你的渴望，让它扎进你的内心深处。当自信与渴望被注入你内心的潜意识中并成为它的一部分时，你大脑的运转，第六感的反应就自然会加强，做起事来，也就得心应手了。

当你有了强烈的长远愿望、坚固的信心后，还要处理好当下的愿望。我们不可能总是把长远的愿望用在当下的做事动机中，在每天具体的行动中，我们必然有很多具体的即时愿望，这时你也要强化你的当下愿望。

在人际交往中，你当下愿望的强弱，会产生不同的气场，气场的作用力，直接以第六感的形式传达给别人。如果你的愿望足够强大，对方就会形成屈从于你的第六感，从而做出满足你当下愿望的行为。所以说，无论是长远愿望还是当下愿望，你都要不断地将它们强化、升级。

——第四章——
第六感中的可怕光环

第六感不是静止不动的,
它就像磁场一样向四周散发着力量,
而且它还有着自己的"性格"、自己的"好恶",
也许你平时的好恶判断,
都只是第六感的感应传达。

第一节
晕轮效应是把"双刃剑"

　　每个男人心目中都会有女神的存在，至少，每一个男人心目中都曾经有过女神。这里所谓的女神，指的是那种让男性爱到非理性、狂热地步的女子，他们会狂热地把一个女子的地位上升到了凌驾于世间其他女子之上的无与伦比之境。其他人，他可以给出高分，可以承认她的魅力和美丽，但是却总能找到或多或少的不足。但是女神，则是会在故事的一开始就把男主角秒杀一万遍的神话。在她们的身上，缺点被男主角自动解说成了优点。

　　这种非理性、狂热的爱恋，其实就是一种加强化的第六感，这种感觉笼罩整个人的身心，颇似神魂附体的样子。俄国著名的大文豪普希金就曾经为自己的"女神"爱到赴汤蹈火的地步，最终吃下决斗身亡的苦果。

　　这种女神的出现，不是真有如此完美的女性，其往往都是"晕轮效应"的作用。在心理学中，"晕轮效应"指人们对他人的认知判断首先是根据个人的好恶得出的，然后再从这个判断推论出认知对象其他品质的现象。

　　我们的天才诗人普希金，在他的创作事业如日中天时，无数的女子迷恋他，但没有哪一位像娜塔莉娅那样使他魂不守舍。他爱上了年方十八的娜塔莉娅,在他那颗感性的心中,在被晕轮效应无限扩散的影响中,娜塔莉娅成了不可替代的完美象征。在1828年第一次求婚遭到拒绝之后,1830年普希金再次向娜塔莉娅求婚,最终实现了他抱得美人归的梦想。

其实,这桩婚姻从一开始就孕育着一颗不幸的种子。按照现代人的解释,普希金与妻子之间根本就没有共同语言。对于普希金来说,诗歌是他生活的重要内容,但对于娜塔莉娅来说,诗歌如同乏味的公文一样,她根本不感兴趣。每当普希金把写好的诗作朗诵给她听时,她都会不耐烦地说:噢,你的诗歌我已经听够了,请不要再打扰我的耳朵了。

婚后的普希金,还陷入了经济上的困境。他身边这位美若天仙的妻子可不是盏省油的灯,为了满足她的虚荣心,普希金不得不花费大量的精力、时间和金钱。为了维护婚后体面的生活,普希金不得不靠借贷来度日。他几乎欠身边所有人钱,酒店老板、裁缝、书商甚至他的仆人都成了他的债主,在他结婚的头四年里,他一度欠下了高达6万卢布的债务。

债务压得普希金抬不起头来,应酬使他丧失了宝贵的写作时间。他感到了精神的压力越来越大,精神陷入了困境。普希金在给好友纳肖金的信中痛苦地写道:"对生活的操心使我没时间感到寂寞,我已经没有单身汉时的自由自在的用来写作的时间了。我的妻子非常时髦,这一切都需要钱。而钱我只能通过写作来获得。而写作需要幽静、单独一人……"

娜塔莉娅虽是没有什么工作的家庭主妇,但对家务一概不问。这时的普希金,依然深爱着他的妻子,他依然觉得自己的妻子是可爱的、美好的,虽然不喜欢自己的诗作是一个小小的瑕疵,但是仍然瑕不掩瑜。

娜塔莉娅对虚荣的爱慕，以及别人对她美丽的赞赏，让她陶醉在深度自恋中，水性杨花的本性无法控制。终于，在法国籍宪兵队长丹特斯的疯狂追求下，娜塔莉娅不顾普希金的感受，频频在公众场合与其打情骂俏，还再三私下与其约会。

1836年11月4日，普希金收到了"绿帽子协会"寄给他的"成员证书"，非常露骨地讽刺他妻子出轨。名誉受到如此侮辱的普希金忍无可忍，他向丹特斯发出了决斗挑战。在决斗中，丹特斯还没走到障碍物就开枪，普希金腹部中弹倒地，而普希金射击却只射中了对方的右手。普希金由于失血过多，于1837年2月8日不治身亡，年仅38岁。他的早逝令俄国进步文人曾经这样感叹："俄国诗歌的太阳沉落了。"

在普希金看来，这么一个漂亮的女人，一定如她完美的脸蛋和窈窕的身材一般，具有温柔的品格、贤良淑德而且聪慧高贵。虽然事实并非如此，但他已被晕轮效应渲染出的第六感所笼罩，他完全陷入了这种感觉中不能自拔。

这就是晕轮效应在第六感上的表现，其效果真是非常可怕。在第六感作用最强的时候，正是为自己赢得有效光环的时刻，正如娜塔莉娅所放射给普希金的第六感一样，只要能影响自己在他人心目中的核心品质，就可以很好地控制对方的心理。

不仅如此，晕轮效应的作用还是双面的。不仅我们可以往好的方面控制晕轮，也可以用第六感为特定的人物制造较差的晕轮。假如你对人诚恳，那么即便你能力较差，别人对你也会非常信任，因为对方只看见你的诚恳，或者是更多地关注于你的诚恳品质，从而推论出可靠、厚道等品质，得到信任。当然，这就像是一把双刃剑，晕轮效应也可以蒙蔽你的眼睛，让你看不清真正的情况，以偏盖全。上面普希金的例子就是一个活生生的教训。

晕轮效应的最大弊端就在于以偏盖全。其特征具体表现在这样三个方面，我们应当了解一下，以便加以相应的克服。

一、遮蔽性

平常我们所抓住的事物的个别特征并不能反映事物的本质，可我们却仍习惯于以此来判断整个事物，以此来牵强地推导出该事物的其他特征。随便拿来某人的某个或好或坏的特征，就断言这整个人是完美无缺或一无是处。这一特征的常见表现就是青年恋爱中的"一见钟情"。青年男女，本来就彼此吸引，初次见面，互相被对方某一方面的特征所吸引，继而就忽视了遮蔽在表面之下的性格、情操、思想等方面的不相配，觉得对方就是"带着光环的天仙"，样样都完美无缺，普希金的爱情悲剧即源于此。

二、表面性

晕轮效应一般产生于自己对某个人的了解还不深入，也就是还处于感知认识的最初级阶段，因而容易受感觉的表面性、局部性、选择性的影响，从而对于某人的认识仅仅停留于一些外在特征上。就算是有些个性品质与外貌特征之间并无内在联系，可判断人也仍会把它们联系在一起，断言有这种特征就必有另一特征。其实外貌堂堂正正，未必就是正人君子；看上去笑容满面，未必就心地善良。简单地把这些不同品质联系起来，得出的整体印象必然是表面的。

三、弥散性

在晕轮效应的影响下，我们对一个人的整体态度，还会连带影响到跟这个人的具体特征有关的事物上。成语中的"爱屋及乌"就是晕轮效应弥散的体现。《韩非子》中讲过一个故事：卫灵公非常宠幸弄臣弥子瑕。有一次弥子瑕盗用卫灵公的车子赶回家去看生病的母亲，虽然按律当处以刖刑（把脚砍掉），但卫灵公却认为他这是孝心重，值得嘉奖。又有一次，弥子瑕与卫灵公同游桃园，他摘了个桃子吃，觉得很甜，就把咬过的桃子献给卫灵公尝，卫灵公又夸他爱君之心。后来，弥子瑕年老色衰，不受宠幸了。卫灵公由不喜爱他的外貌而不喜爱他的其他品质了，甚至以前被他夸奖过的两件事，现在也成了弥子瑕的"欺君之罪"。由此可见，晕轮效应会直接作用于人的第六感，让人做出非常无理的判断。

第二节
从苹果公司看晕轮效应

一个人的某种品质或一个物品的某种特性给人以非常好的印象，在这种印象的影响下，人们对这个人的其他品质或这个物品的其他特性也会给予较好的评价。这种爱屋及乌的强烈知觉的品质或特点，就像月晕的光环一样，向周围弥漫、扩散。和晕轮效应相反的效应，我们称它为晕轮效应的逆转。即对人的某一品质或对物品的某一特性有坏的印象，会使人对这个人的其他品质或这一物品的其他特性的评价偏低。

晕轮效应的形成原因，与我们知觉特征之一——整体性有关，第六感也不例外，它是一种对事物整体性上的感觉把握。我们在知觉客观事物时，并不是对知觉对象的个别属性或部分孤立地进行感知的，而总是倾向于把具有不同属性、不同部分的对象知觉为一个统一的整体，这是因为知觉对象的各种属性和部分是有机地联系成一个复合刺激物的。譬如，我们闭着眼睛，只闻到苹果的气味或只摸到苹果的形状，我们头脑中就形成了有关苹果的完整印象，因为经验为我们弥补了苹果的其他特征，如颜色（绿中透红）、滋味（甜的）、触摸感（光滑的）等。由于知觉整体性作用，我们知觉客观事物就能迅速而明了，"窥一斑而见全豹"，用不着逐一地知觉其他个别属性了。

当我们对一个人发生知觉时，晕轮效应的体现还在于内隐人格理论的作用。我们知道人的有些品质之间是存在内在关系的，比如：热情的人往往对人亲切友好、富有幽默感、乐于助人、容易相处；而冷漠的人则较为孤独、古板、不愿求人、较难相处。这样，我们只要对某人有了"热情"或"冷漠"的一个核心特征印象，就会自然而然地补足其他有关联的特征。此外，就人的性格解构而言，不同的性格特征在不同的人身上总是相互联系、相互制约的。例如：正直勇敢的人会不畏强暴，处事待人会襟怀坦荡、敢作敢为，外表上端庄大方、恳切自然；自私自利的人则会欺软怕硬，处事上则会虚伪阴险、心口不一，或者阿谀奉承、专横跋扈，其外表方面则尖嘴猴腮，一副刻薄相。于是，人们有着这样的经验基础存于潜意识中，在对人的知觉中，就会直接形成一个完整印象的第六感，从而直接把一个人定性，做出或好或坏的评价。

最为有名的晕轮效应就是目前非常受欢迎的苹果公司。史蒂夫·乔布斯在生前为苹果打下的基业，令苹果能够长时间继续担当"高品质"的代名词，广受大众的喜爱与认可。

相信稍微对苹果公司及乔布斯有些了解的人都知道，当乔布斯第二次接手苹果公司的时候，整个公司其实是到了山穷水尽的地步。虽然他们有着相当不错的产品，但是在公司业务和个人客户的开发上，苹果都没有成功。

乔布斯回归到自己一手创立的苹果公司，他做了什么呢？如果他是一个普通的创业者，或者说稍微循规蹈矩一些，那么也许会继续打打价格战、苟延残喘一段时间，那样的话如今的苹果帝国就不复存在了。可是乔布斯没有那么做，他剑走偏锋，不仅没有与其他的竞争对手硬拼实力和低价，反而打出了"高品质"这个金字招牌。在苹果之前，也许有提供"一年免费换新"的电子产品供应商，但是他们并没有像苹果一样出名。

不知道读者诸君对于苹果的最初印象是什么，笔者在多年前就记住了一个事情——苹果的 MP3 要是坏了，在全球任意一家专卖店，都可以免费换一个新的。

这其实是对自己的一种充分自信，苹果自信自己产品的返修比率将远远低于其他品牌，免费换新的消耗将远低于自身的盈利。结果是，苹果公司真的做到了。不仅如此，一步领先，步步领先，苹果立即成为了高品质的代名词，而且，在高品质光晕的影响下，晕轮效应开始发挥作用，客户对苹果的第六感相继有了高科技、创新多、用户体验好、时尚酷炫等优质标签，苹果的品牌价值就在此获得完美升级。

这也是为什么老本行是做电脑产品和音乐播放器的苹果公司一推出 iPhone 就能赢得大量拥趸的本质原因。因为大家都认定苹果是个有着好品质的"好人"，这个"好人"无论是作为一个 MP3 播放器，还是一个手机，甚或是一颗草莓，它也绝对是一个优质的东西。苹果的 iPhone 步步进攻，把原本的手机巨头逼到绝路，尽管该巨头不断地推陈出新，最后也难以挽回丢失的人气。

据国外媒体报道，苹果在 2012 年发布的第一财季财报显示，受净利润同比增长 116% 的推动，该公司持有的现金和现金等价物总额已达到 976 亿美元，这足以让苹果偿付未来两年内即将到期的希腊债务。一个公司的价值可以匹敌一个国家，还是欧洲的一个中型国家，其强大的实力可见一斑。

原本的手机巨头是为什么衰败的呢？苹果公司又是为什么崛起的呢？是的，就是晕轮效应。原本的手机巨头之前的成功，依赖于它自身产品的好名声——稳定、做工好、防摔、电池耐用等，但是苹果的高品质牌却直接把该巨头推到了下滑快速路。

前手机巨头的稳定变成了呆板的同义词，没有创新没有改变，该巨头自豪的塞班系统在苹果的 iOS 和 Google 的后起之秀 Android 系统的夹击之下苟延残喘，溃不成军。

Android 也有着自己的光环——开源、自由、易用，所以同样能够在苹果的强大实力面前抢到自己的饭碗，甚至是大有反超苹果的趋势。但是该巨头却事到如今仍然忘记了在客户最喜欢的一些特点方面树立自己的光环。他们到今天为止，依然无法遏制晕轮效应的逆转。

这其实就是一种第六感。当提到苹果的产品，我们的脑子里就是创新、品质、时尚，而提到该手机巨头的产品，除了稳定之外，尽是呆板、冗余、陈旧等。而且，想要逆转晕轮效应带来的负面影响，是极其困难的。

下面一节我们将讲一个小有名气的历史人物的故事，以此作为晕轮效应的展开案例。

第三节
"反骨"的标签

相信国人对魏延并不陌生，他就是三国时期刘备在长沙攻城战中收服的一员大将，勇武过人，曾单挑众将，且箭术出众，汉中之战拒绝曹操招降，百米外射中曹操人中。

这些都对，但是他留给我们最大的印象就是"天生反骨"。看过《三国演义》的人应该不在少数，诸葛亮在魏延投靠刘备的时候就说魏延天生反骨，总有一天会反，刘备爱才没有在意。不知不觉地，我们就被作者罗贯中设下的核心特征晕轮效应影响了。他先是成功地塑造出诸葛亮军事奇才又忠心耿耿的完美形象，然后又让诸葛亮把魏延"拍死"。一句话拍死，天生反骨。于是我们就信了，丞相诸葛孔明大人神机妙算，直到最后，魏延果然反了！而之前我们看到魏延出场，不过是每次都猜测，他到底会不会这个时候反叛呢？

这就是晕轮效应的影响，在一开始被打上了"反骨"的标签，我们心理上就有了这种预设的期待，第六感也会偏向于这个方向的判断，于是就怎么看魏延都不顺眼了。只要想起他，我们的第六感就会控制我们把那些不好的标签往他身上招呼，什么有勇无谋啊，什么阴险狡诈啊，统统都是属于未来的叛徒魏延的。请注意，这只是一个简简单单的推测，诸葛亮毫无根据的空穴来风。

你从人家的后脑勺能看出来这个人不是好人？脖子后面骨头比较突出，就是要反叛的人？诸葛亮的话虽然是无稽之谈，但是我们却都信了。为什么？因为我们已在心理上认定诸葛亮是耿耿忠臣，且是天下第一谋士！其实这不过是罗贯中在小说里一个刻意的处理，却让魏延背着叛徒的晕轮当了近两千年的叛徒！

史书里是怎么记载魏延的呢？在《三国志》中记载得很清楚："原延意不北降魏而南还者，但欲除杀仪等。平日诸将素不同，冀时论必当以代亮。本指如此。不便背叛。"

然而在《三国演义》中，魏延却被写成了脑后生反骨，天生就是要造反的。

而且，魏延真的就是一个莽夫么？诸葛亮第一次出祁山时，魏延曾经进献过"子午谷奇谋"：当时魏国派驻边防的安西将军夏侯楙乃曹操女婿，"素无武略""又多蓄妾"，凭着与魏文帝曹丕的关系才获得这荷守一方重镇的职位。

魏延看准了这样一个机会，遂大胆向诸葛亮提议道："给我一万人，自带粮草，循秦岭以东疾进，不出十日可到长安。胆怯的夏侯楙见我蜀兵天降，必然仓皇而逃。曹丕若想率军亲征，最起码也得二十天，丞相已可先期到达，这样，咸阳以西可一举而定。"

对于这样一个"奇谋"，今天的公论是：魏延的计划虽然冒险，但成功的可能性极大，因为他对当时敌我形势及当地特殊地形的判断都是非常准确的。更富戏剧性的是，后来蜀汉灭于魏国之手，乃是由于魏国大将邓艾采取了相似的"奇险"战略，为此我们只能面对历史，抱以无奈的遗憾了。

　　由此可见，晕轮效应带来的偏见不仅会误事，甚至连诸葛亮这样的大师都会被其所蒙蔽，从而造成误国这样最为严重的后果。

　　我们在使用第六感的过程中，就必须要尽力规避晕轮效应的逆转，然后把自己的优点尽可能展示，给他人留下好的印象。这样的效果是你能够让自己在他人的记忆中越来越好，对自己的生活和发展都有好处。

　　但是这里笔者必须要严正声明，我没有让你装！是的，千万不要装。假装、欺诈、虚伪等，是使用第六感的大忌。你要欺骗的人也许在脑筋上不是很灵光，但是在直觉上，并无天赋高低之分。

　　何况，你真的需要装么？不，你已经足够好了。我们也许没钱、没权、没势，但是在绝大多数情况下，我们的出发点和内心都是美好的。我们不会为了财富去为恶、我们愿意为了好友去两肋插刀，这些都是难能可贵的，或者说是最为美好的品质。你应该有信心在情感和人格的领域，不输给任何一个人。

　　你就把你自己的内心展示给别人，你的坦诚就是你最好的晕轮。当你的第六感是没有欺骗的真诚的时候，即使不能赢得别人的好感，你也绝对不会输掉什么。反之，如果你试图欺骗别人的第六感，你总得为此而耗费心神，乃至最后心力交瘁、痛苦不已，还得担心别人一旦发现会怎么办。

第四节
不同色彩的晕轮

　　心理学家戴恩做过一个这样的实验。他让被测试者看一些照片，照片上的人有的很有魅力，有的无魅力，有的中等。然后让被测试者在与魅力无关的特点方面评定这些人。结果表明，被测试者对有魅力的人比对无魅力的人赋予更多理想的人格特征，如和蔼、沉着、好交际等。

　　晕轮效应不但常表现在以貌取人上，而且常表现在以服装定地位、性格，以初次言谈定人的才能与品德等方面。在对不太熟悉的人进行评价时，这种效应体现得尤其明显。

　　无独有偶，美国心理学家凯利以麻省理工学院的两个班级的学生为测试者分别做了一个试验。上课之前，实验者向学生宣布，临时请一位研究生来代课。接着告知学生有关这位研究生的一些情况。其中，向一个班的学生介绍这位研究生具有热情、勤奋、务实、果断等项品质，向另一班的学生介绍的信息除了将"热情"换成了"冷漠"之外，其余各项都相同。结果，两种介绍间的差别是：下课之后，前一班的学生与研究生一见如故，亲密攀谈；另一个班的学生对他却敬而远之，冷淡回避。可见，仅介绍中的一词之别，竟会影响到整体的印象。学生们戴着这种"有色眼镜"去观察代课者，而这位研究生就被罩上了不同色彩的晕轮。

在20世纪70年代，著名社会心理学家理查德·尼斯贝特也论证了"晕轮效应"这个案例。尼斯贝特希望调查听课的学生是如何评判讲师的。学生们被告知这是一项对于评价老师的研究。他们还特别被告知，实验对于不同的评价是否依赖于学生和某一讲师接触的多少感兴趣。这纯粹是一个谎言。

实际上学生们被分为两组，他们会分别看两段关于同一位讲师的不同视频。而这位讲师正好有很重的比利时口音。其中一组学生看了这位讲师和蔼而友好地回答了一系列的问题。第二组学生看了同一位讲师用冷漠而疏远的语气回答了同样的问题。实验让我们明确，到底哪一种人格更讨人喜欢是十分明显的。在其中一种人格中讲师显得热爱教学和学生，而在另一种人格中他看上去更像是一个完全不喜爱教学的权威人物。

在每组学生看完视频之后，他们被要求给这位教师的外表、特殊语言习惯，甚至还有他的口音打分。与光环效应相一致，看到讲师"和蔼"形象的学生认为他更有吸引力，他的语言习惯更令人喜爱，甚至他的口音也更加有魅力。这并不奇怪，因为它支持了之前关于晕轮效应的研究。

正如歌德所说："人们见到的，正是他们知道的。"日常生活中，晕轮效应往往是悄悄地却又强有力地影响着我们对人的知觉和评价。有的领导看到一些青年人的个别缺点，或对他们的生活习惯、工作之余的衣着打扮看不顺眼，就会把他们看得一无是处。而看到某人的字写得好，就认为他思路清晰、办事果断、认真、有条理等。在教学中，一个教师对学生智力的看法很可能受学生本人相貌、举止、家庭背景以及一些无关的事情所影响。这种偏差不仅影响教师对学生的全面了解和判断，而且最终会影响学生的学习成绩。晕轮效应的极端化就是推人及物了，从喜爱一个人的某个特征推及喜爱他整个人，又进而从喜爱他这个人泛化到喜爱一切与他有关的事物。这就是所谓"爱屋及乌"。

在绩效考核中，晕轮效应意味着一个考核者对被考核者的某一绩效要素的评价较高，就会导致他对该人所有的其他绩效要素也评价较高；反之，如果对被考核者的某一绩效要素的评价较差，则会导致他对该人所有的其他绩效要素也评价较差。

实质上，晕轮效应是一种"以偏盖全"的心理弊病，评估者在员工绩效评估的过程中，把员工绩效中的某一方面甚至与工作绩效无关的某一方面看得过重，用员工的某个特性去推断其其他特性，造成"一好百好，一差百差"、以偏盖全的评估偏误。当被考核者是那些对考核者表现特别友好或特别不友好时，晕轮效应是最容易发生的。

第五节
巧用第六感，走出"晕轮"误区

每个人的性格都是不同的，有些人总是从好的一面来解释别人，因为他本人就是一副菩萨心肠，或者说，是性善论的支持者。与之相对的则是持有性恶论观点的人，认为人都是自私的，这些人则总是从恶意来判断他人的行为，即使是好事，他也会认为这是"别有用心"。此乃天性和后天的经历影响了自身的第六感判断，他的精神状态在遇到需要辨别事物好坏的时候，会自动重复相应的第六感，导致这种猜疑心越来越重，如果不加以控制，很容易发展为严重的心理疾病。

这种把自己的某些心理特点附加给对方的现象，即"投射倾向"。人际知觉的投射倾向表明，人对他人的知觉包含着自己的东西，人在反映别人的时候常常也在反映着自己，而这种反映又往往是不自觉的。其实这就是开篇的时候笔者提到的每个人都有自己的世界和解读，所以同样的事情在不同的人看来会有完全不同的观感。如果你对自己的"投射倾向"不加注意，没有清醒地、理智地经常进行自我反思，没有锻炼出真诚直接的、不带有偏见的第六感折射，就很可能制造出晕轮效应，出现各种偏见，从而影响自己的生活和与其他人之间的关系。

除了防止被投射倾向所误导，还要注意"刻板印象"。刻板印象，其实就是所谓"类化作用"，我们的心理会按照预想的类型将人分为不同种类，然后贴上标签，按图索骥。比如，提起教师便想到"文质彬彬"，一说演艺圈，就觉得演员导演之间非得有点儿说不清道不明的潜规则，而且总把商人和"唯利是图"挂起钩来等。这些就是我们的刻板印象。

刻板印象的形成，往往始于对某一类人普遍特征的归类，这是一种简单的认识，虽然有利于对某一群人做概括的了解，但也很容易产生偏差。因为每个人的内心都是不同的，各如其面，而刻板印象所根据的却并非认识对象本人的事实，有时刻板印象还是由于偏见的合理化而来。因此，刻板印象与晕轮效应可以说是有不解之缘的，是导致失真的一个误区。我们要对他人产生确切、深刻的认识，千万别忘了人的丰富多样性，并不断地修正头脑中由于刻板印象所造成的假象。

不仅如此，刻板印象还可以和上文提到的投射倾向产生互动，产生更大的晕轮效应，这种以自己的主观感受出发所打的标签，无疑是造成晕轮效应和其他各种不公平的一大原因。

再一个就是生活中非常常见的"以貌取人"。这个其实非常有意思，而且生活中比比皆是。最简单的就是国内导演们在拍电影和连续剧时候的角色人物设计，基本上是让人一眼就能看出来的。就连推理能力不强的邻居大妈都能说出一句"就×××那贼眉鼠眼的样子，后面几集肯定变成汉奸"。似乎坏人就应该有着坏人的样子，而好人基本上要不就带着一股憨厚劲，要不然就是一脸正气、眉头紧锁，这其实就是最为常见的以貌取人了。

一项心理实验显示，当人们被要求在一堆他们不认识的照片中分别找出"好人"与"罪犯"时，总会受到外貌晕轮效应的影响，即表现出按外貌分类的倾向。苏联心理学家鲍达列夫曾向72个人调查，他们是怎样理解人的外貌的。其中9人回答，方方的下巴是意志坚强的标志，宽大的前额是智慧的标志；3人认为粗硬的头发表示倔强的性格；14人认为人胖表示心地善良；2人认为肥厚的嘴唇是憨厚朴实的标志等。这个调查结果是有趣的，也具有一定的普遍意义。尽管这些生理特征是较为固定的或天生的，但不少人仍认为从中能看出一个人的性格特征。这种"由表及里"的推断，含有很大的偏见成分。为此，只要我们在认识他人的问题上，确立不满足于表象，而注重了解对方心理、行为等深层结构，我们就能有效地摆脱外貌晕轮效应的影响。

最后一个因为晕轮效应而常常出现的现象是"循环证实"。心理学研究证明，一个人对他人的偏见，常会得到自动的"证实"。其本质内容，其实就是第六感会反复影响我们对于事物的判断力。比如，你对某人存有怀疑之心，认为他不努力工作或者不把你当真朋友，时间一长，自然会为人所察觉。察觉之后，对方必然会产生离心和戒心。而对方这种情绪的流露，又反过来会使你深信自己当初对他的看法是正确的。这就是心理学概念中的角色互动和双向反馈。

由于一方感情的偏失，导致对方的偏失，反过来又加强了一方偏失的程度。如此循环证实，势必陷入越来越深的偏见中去，在晕轮效应的迷宫中迷而忘返。这就提醒我们，当你看不惯某个人，对某个人怀有成见的时候，应当首先理智地审视一下自己的态度和行为是否受到晕轮效应的影响，自觉走出晕轮效应的迷宫。

笔者早先去银行工作，总觉得负责带我的大堂经理故意找我的茬儿，一会儿嫌我动作慢，一会儿勒令我加班，总之搞得我对她很有成见，私底下叫她"死胖子"。而且这个晕轮效应是越来越大，我对她的印象真的是越来越差。直到后来过节，大家互发短信贺年，然后又聊了聊工作上的一些事，才觉得其实彼此之间并没有太大的矛盾，也没有什么利益上的冲突，晕轮效应的迷宫也就因此而解。

---第五章---

第六感：人际关系的密钥

人际关系是一个人在社会中行走必不可少的因素，
很难想象一个孤立的人可以取得什么样的成就。
在人际交往中，
第六感总是起着非常关键的"切入"作用，
一个没有良好交际感觉的人，
绝难拥有一个好的人脉网。

第一节
驱除潜意识中的心理障碍

我们每个人的不同行为，都会产生不同气场的第六感，这种第六感传播出去，会给人以相应的力量。比如说一个敌视你的人，他所散发出的气场，让你感受到的是攻击，你很自然就会产生防御的第六感；除了防御，在气场上你也与他相对立了，甚至会互相攻击了。

我们概括一下对人际关系非常不利的几种状态，读者不妨自我比对一下，如果你经常处在下面的状态中，说明你常常会给人以非常不好的第六感，长此以往，良好的人际关系一定会离你远去。

一、自卑

我们前面已经强调了培养自信的第六感的重要性，自卑是一种与自信截然相对的、非常负面的情绪状态。

自卑是一种较为常见的负面心态，几乎每个人都或多或少、或经常或偶尔地泛滥一下，自卑心理会让我们在某一时刻强烈地认为自己不如别人，无法胜任某项工作，只不过活动的时间段不同。在西方，很早就有心理学家的研究表明，如果一个人儿童时期在学习或其他活动中取得成绩，深得老师、家长及同学的认可，他们便会大大地增强自信心、求知欲，其内心也自然会获得一种快乐和满足，继而养成一种勤奋好学的良好习惯，影响他们的一生。相反，如果他们的学习成绩、课外活动都不能取得被大家认可的成绩，他们就会产生一种受挫感和自卑感。自卑的气场，让他们散发出负面的第六感，他的同学自然也不会愿意跟他交往。这样，他可能就会更加自卑。个体自卑感的形成，其实主要是社会环境长期影响的结果，因为我们每个人的潜意识都是环境影响的结果。

自卑的浅层感受，是觉得别人看不起自己，在别人面前抬不起头来，不敢表现自己；而深层的自卑感则是自己看不起自己，自己否定自己，对于自己能做什么，始终没有一个客观和正常的判断，总是习惯于贬低自己。不管是深层浅层的自卑感，都会散发出消沉的第六感，这种感觉可以说是人际关系的杀手，它会无声无息地将本来可以存在的交际，扼杀在黑暗之中。

二、自负

有人说自负是高度自信的表现，其实不然。自信是基于客观的一种自我判断，既认可自己的能力，又能看到自己的不足，而且相信自己能够不断克服自己的不足，完善自我。自负则是一种非理性的"自信"，自负者的自高自大，是基于一种自我想当然的基础，是一种不健康的心理状态。

自负的人往往心胸狭窄，他们只关心个人的需要，强调自己内心的感受，他们会在人际交往中常常表现出目中无人。在与同伴相聚时，他们很没有素养，自私自利，因为他们不高兴时会不分场合地乱发脾气，高兴时则海阔天空、手舞足蹈地讲个痛快，全然不考虑别人的情绪和态度，好像整个世界都是他们的，而他们则是这个世界的主宰。自负心理严重的人，会让他的潜意识无法客观面对外面的世界。另外，在对自己与别人的关系上，他会过高地估计彼此的亲密度，想当然地觉得大家都是他最好的朋友，都对他特别重视与尊重，都特别愿意亲近他。过分的自负，还会让他讲一些不该讲的话。这种人所散播的绝不是利于人际关系的感觉，过分自负的人，其最后结果必然是落得一个孤家寡人的下场。当然，如果他们能够及时改正，相信自然会有朋友回到他身边的。

三、忌妒

德国哲学家黑格尔曾说：有忌妒心的人，自己不能完成伟大的事业，便尽量去低估他人的伟大，贬抑他人的伟大使之与他人相齐。

西方心理学研究认为，忌妒心理是每个人的潜意识中都存在的一种类本能的心理状态，忌妒是对与自己有联系的而且强过自己的人的一种不服、不悦、失落、仇视，甚至带有某种破坏性的危险情感，忌妒是通过把自己与他人进行对比，而产生的一种消极的心态。

不得不承认我们每个人多少都有这种心理，尤其当我们看到与自己有某种联系的人取得了比自己优越的地位或成绩时，便会产生一种忌恨的心理，我不如他，但我恨他，看见他就讨厌——这就是时下网上热词"羡慕忌妒恨"的现实表现。这种心理发展到了极点，当对方陷入灾难时，就会隔岸观火，幸灾乐祸；更有甚者，还会借助造谣、中伤、刁难、"穿小鞋"等手段贬低他人，以此安慰自己。

在人际交往中，我们与自己较为亲近的朋友，往往都先忽视对方的成就高低，有意或无意地避开比较双方的薪酬、地位高低，这样做，实际上是避免给自己以忌妒的机会。忌妒总是发生在跟自己有关系或相近的人身上，一个"穷二代"会忌妒交上好运的另一个"穷二代"，而较少会忌妒一个天生的"富二代"。忌妒的终极表现是恨，有恨自然无法建立良好的关系。所以，忌妒心重且不能克服收敛的人，必定得不到好的人际关系。

四、多疑

这是人们在人际交往中一种非常不好的心理品质，可以说是人们之间友谊之树的蠹虫。正如英国哲学家培根说的："多疑之心犹如蝙蝠，它总是在黄昏中起飞。这种心情是迷陷人的，又是乱人心智的。它能使你陷入迷惘，混淆敌友，从而破坏人的事业。"

为什么呢？因为疑心是害死人的刀子。那些具有多疑心理的人，他们往往先在主观上设定他人对自己很不满，看自己很不爽，而自己又是非常无辜的。然后，他们就开始在生活中寻找证据——用证据来验证自己的猜想以及怀疑。

这种以邻为壑的心理，必然会把无中生有的事实强加于人，甚至于把别人的善意曲解为恶意。

很显然，这是一种狭隘的、片面的、缺乏根据的盲目想象，它正是我们的心灵深处隐藏极深且极难去除的隐疾，经常会跳出来动摇我们的意志，影响我们的人际关系。

五、干涉

心理学的研究发现，人人都需要一个不受他人侵犯的生活空间；同样，我们也都需要有一个自我的心理空间。即使再亲密的朋友，也要有个人的内心的秘密，有一个不愿向他人袒露的内心世界。

这是自然的，亦是天道。但有的人在相处中，偏偏喜欢询问、打听、传播他人的私事，这种人热衷于探听别人的情况，并不一定有什么实际目的，他们仅仅是以刺探别人隐私而沾沾自喜的低层次的心理满足而已。对于这种潜意识，笔者称它为"窥私欲"。

六、羞怯

羞怯的心理是绝大多数人都会有的一种心理，它是与开放相对立的，并且截然相反。凡是具有这种心理的人，他们往往在交际场所或者大庭广众之下，羞于启齿或害怕见人。他们由于过分的焦虑和不必要的担心，使得自己在人际交往时言语上支支吾吾，行动上手足失措。长此下来，当然会不利于同他人的正常交往。

七、敌视

这是我们在交际中比较严重的一种心理障碍。为什么敌视？因为他们对外界保持警觉心，而且极为强烈。他们总是以仇视的目光对待别人，这种心理或许来自童年时期家庭环境的影响，比如受到虐待等，从而使他产生别人仇视我，我仇视一切人的心理。

他们对于不如自己的人，以不宽容表示敌视；

对于比自己厉害的人，用敢怒不敢言的方式表示敌视；

对于处境与己类似的人，则用攻击和中伤的方式表示敌视。

结果就是，他们无比尖锐的潜能释放，使得周围的人随时都有遭受其伤害的危险，而不愿与之往来。所以，这类人大多没有朋友，是交际场上最失败的一个群体。

这是一份非常完整的有害于人际交往的"坏意识清单"，我们需要仔细辨别，哪些是自己经常有的？哪些则是偶尔为之？然后选择一个去除和纠正的办法，并尽量让自己拥有那些健康平和的想法。

只要我们这样做了，就将会在人际关系中获得丰厚的收益。

很重要的一点就是：我们的潜意识就像一台刻录机，不管你给它留下什么样的印记，它都会忠实地刻录下来。对此，我们已经十分清楚了，这就是潜意识的根本法则起作用的重要原因。当上面的这七种坏毛病在潜意识中发展壮大时，我们很难再与他人建立并维持一种和谐平衡的人际关系，因此，破除这些心理障碍，是十分有必要的。

在某城市，有一位叫吴平的男士曾经向我求助，他的事业和家庭双双出现了问题，而一切问题全都出在他那暴躁易怒的坏脾气上。他很容易发火，而且充满疑心，觉得全世界都跟他作对。

当然，他自己非常地在意这件事情，也知道这样不好，可是如果别人就这一点批评他，他却暴跳如雷，一点不想改正，也不想承认错误。后来，在一次深入的谈话中，他对我袒露心扉，对我说："周围的人似乎都在和我作对，我只有这样才能保住自己的尊严！"

为了帮助他战胜这种消极的自我暗示，驱逐潜意识中厚重而且顽固的心理障碍，我建议他开始做积极的自我暗示。在每天的早上、中午和晚上睡觉前，他都要对自己重复下面的这段话：

"从现在开始，我，吴平，将增加我的幽默感。快乐、幸福和祥和将成为我生命中的常态，而我将变得越来越善解人意，讨人喜欢。我将一定和已经成为人们生活中快乐和善意的中心，我美好的理念将给每个人都带去幸福。"

坏毛病很难去除吗？只要你找对了方法，一切都很简单。一个月之后，当我给他打电话，听到了一个好消息：吴平的太太和同事都说他变了，变得随和，让人觉得非常容易相处了。

第二节
调度渴望的力量

我们几乎都可以认同这样一个常识：拥有人脉往往比我们拥有的其他知识或技能更重要，发展人际关系是我们最优先要做好的事情。但是要做到这一点并不是可以靠一些所谓的交际技巧就可以完成的，就如同你要想获得成功就必先要对成功有非常强烈的渴望一样，要想获得良好的人际关系，你也要首先在内心中有着强烈的渴望才行，因为你内心的渴望会变为现实。

毛莉莉是日本在华一家合资科技公司的销售代表，她从毕业开始就在这家公司的销售部工作，从最开始的销售员，到四年后的现在做销售代表，她的职位升迁是销售部门中最慢的一个。

最近她的工作状态非常糟糕，老板找她谈话时，她表露出了她的不满和担心：原来现任的销售部经理，是最近刚刚从部门内提拔上去的。而这位经理的入职时间，比毛莉莉还晚了一年，回想起以前，毛莉莉还在业务上带过现任的经理。让她感到非常不安的是，她觉得自己与销售部经理在"性格上不和"，当初带她的时候就没少数落她。而现在她成了自己的顶头上司，这让她怎么都无法安心。

"我没法和经理相处好，她现在总会拿一些事情来刁难我！"她这样肯定地对她的老板抱怨。

老板听完她的抱怨,没有急于表示什么,而是说让她从自身找一下原因。

毛莉莉无法看到问题的根本,她认定了销售部经理会处处给自己找别扭,最终她选择了辞职离开。辞职后的她,由于心情不佳,导致身体也出了状况,生理方面出现各种紊乱,多方医治无效的她,抱着试试看的态度去看了心理医生。

心理医生很快就找到了她的症结所在,心理医生问她说:你没有处理好的与上司的关系,不正是你心理上的渴望的结果吗?你心理上难道不是预设了一个与销售经理"性格不合"的期待吗?

听了心理医生的分析,毛莉莉恍然大悟,她心中豁然明白了,就连后来身体上的状况,也是因为自己心理上预先做出了这样的预感。她的这些预感,实际上就是心灵深处的潜意识散发出来的第六感信号,在不断强化的信号暗示下,第六感变成了现实。

在工作中,毛莉莉并不是善于交际的人,甚至她在心理上有些害怕交际,她内心的声音,在某种程度改变了她,虽然她也想升职,但又常常对工作充满抱怨——最后她心理上对销售经理的不满,让自己的潜意识产生了相反的能量释放。

所以我们这里给出的建议是:当你要想获得人际交往的成功时,就必须调度深深渴望的力量,并且要记住,千万不要说"不",或者将渴望用在抱怨上。

我们要想让理性的思维有效地改变潜意识和第六感,以此来影响我们的行为,就必须让内心深处的情感和渴望与其相伴。我们要为自己描绘自己希望成为的那种人、描绘想拥有的那些东西,并假定这些设想成为可能的那一刻就在眼前。这就是渴望,要唤起对这些目标的深深渴望，对它们充满热忱。比如，你希望跟某个人成为朋友，或者想得到某个职位，那么你就要仔细地分析它们，在脑子里来回查看。

同每个人的消极信念一样，信念就是通过想法再加上情感形成的。如果你能产生足够的情感或者内心的感受，你就会产生新的思想和想法了，从而将过去的消极信念一笔勾销，带着微笑去面对那个人，建立起你想要的人际关系。

沿着这条道路再进行深入的分析，我们将发现一个人在担忧时所运用的心理方程式也是一种"渴望"。担忧时，我们首先会在想象中栩栩如生地描绘出一种不希望出现的后果或目标，这是一种正面渴望的逆袭。在担忧中，我们忍不住地对它思来想去（仔细地思考亦即渴望），把它作为一种可能发生的情况描绘给自己。

最后的结果会是怎样？当然是我们反复地认为它真的有可能发生，结果就像墨菲定律：当你害怕出现某种情况时，它一定会发生。这种不断重复、对可能性的不断思索，会让最终结果变得似乎越来越真实。

当我们在某种渴望心理下的一段时间过后，潜意识就会自动地产生与其相对应的情绪，制造相应的第六感，比如恐惧、焦虑、沮丧。所有的这些情绪都与我们不想看到、所担心的那一个最终的结果对应。所以说，现在我们要想在人际场上改变自己的轨迹，让渴望产生积极的结果，就必须改变目标的图像，换掉负面的恐惧、消极、焦虑、沮丧，代之以乐观、自信，以便从此同样容易地产生"美好"的情绪，制造快乐的第六感。

我们需要不停地为自己描绘某个想要的最终结果，并对其深思熟虑。这样做，也能使美好的可能变得越来越真实可信，继而你就会产生相应的第六感，第六感催生的就是与其对应的情绪如热情、快乐、鼓舞和幸福。否则，当担忧的渴望形成我们的内在声音，并成为输送给潜意识的命令时，产生的结果就是灾难性的。

渴望既是感性的，同时又是理性的，就像潜意识的自动机制，它既能作为一种失败机制，也能作为一种成功机制，成为二者的难易程度一样。在理性与感性之间的转换，总是如此轻易，这取决于我们为潜意识提供什么样的数据让其加工、为它设定什么样的目标，以及能否真正地控制内心，掌握潜能量的释放。

从本质上讲，理性是一种潜意识对于目标的追寻机制。它将要实现的目标取决于你的思考性质，你输入积极的信号，它导出积极的结果；你输入消极的代码，它导出消极的结果。我们需要理性，但同时，许多人都无意识地、不明智地通过怀有消极态度、习惯性地在想象中向自己描绘失败，来设定失败的目标，这就是感性的失败。潜意识的自动机制对我们提供的数据并不进行推理或提出质疑，它只是对数据进行加工，并做出相应的反应。

第三节
走出意识的"黑房子"

现实中，很多人在公众场合都会有怯场的心理。无论是在让你表演才艺的舞台上，还是在展现口才的讲台上，只要是处在有很多观众关注的"台上"，任你是一个什么样的人，都可能会产生恐惧感。

大量心理学研究结果表明，怯懦是所有人共有的最常见的三四种恐惧症状之一，怯懦足以让人在公共场合呆若木鸡。心理学家普遍的看法是，恐惧感来源于人们对自己犯错后可能受到的惩罚的种种想象，而不是某一社交行为本身让人恐惧。举例说，一个恐惧演讲的人，他所恐惧的不是演讲本身——相反他可能很享受演讲的感觉——而是演讲不好后被人嘲笑的"惩罚性"后果。

在思维意识的内在关系中，很不幸，多数人都会低估自己，并高估所面临的困难。他们虽然内心有渴望，但更多是"渴望"目标的反方向：把事情做糟后的可怕惩罚。这种想象，转化成了一种心理自动设障机制，它使得人们虽然渴望交际，但又恐惧交际失败的结果。一个与美女搭讪的渴望，必然对应着一个搭讪失败很窘迫的心理设障。其实这种心理感觉是可以调整的，你带着良好的第六感上前去搭讪，即使失败了也不觉得怎样。这种搭讪的感觉，一定比带着糟糕的、认为自己一定会"完蛋"的第六感上前搭讪要好得多。

当你能够击败内心诸多的对渴望的抵制因素时，你就可以成功地走出第一步。第二步，是站在交际的舞台上，自信地去面对同性朋友、异性朋友、客户、同事，增强自己的人脉魅力。

曾有一位著名的高尔夫球手在谈及心理状态对打球状态的影响时，列举了四条值得关注的精神危险。如果把高尔夫球象征为我们心中的目标，他列举的这几条精神危险是很值得我们每个人了解的：

第一危险：陷入对于恐惧的恐惧。陷入这一危险困扰的高尔夫球员，他在开始一个回合之前，总会体验到预期的焦虑，在击第一杆时就已经战战兢兢，而在关键时刻他又会"卡壳"。

第二危险：失态。体验到这种感觉的高尔夫球员会把球杆扔到地上、扔进某个水障或者将其挂到树上。

第三危险：大喜大悲。这些高尔夫球员总是突然瞧不起自己。他们的情绪可以从打出一记困难的标准杆之后经历狂喜，一下子转变为击中球座后使打出的球无法进入下一个球洞。这些高尔夫球员在打完一轮比赛后，可能连续好几天得意扬扬或垂头丧气（当然，这要根据他们往常的表现来判定）。

第四危险：担心别人怎么想。这种人在高尔夫球场害怕陷入窘境，容易产生自卑感，对别人的玩笑非常敏感，觉得别人老在密切注视他们，或对他们评头论足。

这四种危险像极了我们对于人际交往的恐惧，因为担心自己不能胜任，所以我们的潜意识会为了杜绝这种风险的出现，干脆让我们"关门大吉"，不迈出脚步。这就像因为害怕跌倒，所以停止走路一样。

我们举一个生活中的普通例子来说明一下：在你的工作中，你的办公室新来了一位同事，你的第六感感知到他的性格跟你很合得来，你很想跟他结识，成为好朋友。但是你感觉他有些冷漠，对你还存有戒心，有几次你走上前去准备跟他打招呼，却又止步不前，退了回来。终于，在几周后，通过发生的一些其他事儿你们认识了。聊过几次后你发现跟他特别投缘，很多话题聊得特有共鸣感。当你说起自己一开始就想跟他结识时，他也说当时自己也很希望你能上前与他结识。于是，你回过头来发现，之前的几次止步不前是多么没必要的担心。

这只是一个普通朋友交际的案例，相信每个人都会或多或少有过类似的经历。但假设把这个新同事换为一个漂亮的女性新同事，而你又是众多单身男同事中的一位，你几次的止步不前，可能就会被别人捷足先得，而你错过的可能就是你一生中最合适的另一半。

在我们这种心理机制中，自动设障并且是过多地设些莫须有的障碍的反应，在心理学中被称为过度反应。生活中很多饱受过度反应这一坏习惯折磨的人，他们距离狂郁症其实只有一步之遥了。在他们的一生中，这些人至少有一半的时间会处在深深的而毫无来由的极端痛苦之中；他们会慢慢地让自己的自我意象相信："啊，我真的没有一点自控能力。""我很渴望，可是我最终还是害怕了。"

这样的结果是导致别人避免与他们交往。比如，本来你就是一个不被同事欢迎的人，他们觉得你这人像个"闷葫芦"，平时不爱说话，什么事都憋在心里，像个双重性格的人。这时正是你为了证明自己，果断采取开放政策、释放潜能与激情的时候，你却由于害怕，选择了继续封闭。继续封闭的结果是人们对你的坏印象继续加深，你的朋友会更少，最终你还可能得到一个"怪物"的绰号。

你要对交际有渴望，你要克服心理的自动设障，这样才能走出我们意识的"黑房子"，走到人群中，用热情去感化对手，建设我们的人脉宝库。

他是一个台球的狂热爱好者，但限于自己的领悟能力，他的球技一直处在一般的水准。像往常一样，他又在周末去俱乐部打了一个下午的台球，但是他被一个后起之秀连下七局，他无比郁闷地回到了家里。他闷闷不乐地干了一些家务，一点没精神，临了还把没做完作业的孩子训得大哭一场。最后，他的妻子忍不住了，说："亲爱的，别忘了台球对你不是职业，它不过是一场游戏，玩好玩坏不能说明什么。"他生气地反驳说："闭上你的嘴，你根本就不知道打台球最该死的事是什么！"他们谁的心态是正确的？显然，他的妻子是正确的，这个男人陷入了精神和意识的狂躁。他因为游戏的不顺，强化了内心的躁动与惧怕情绪。

其实他最在乎的并不是输掉了台球,也不是自己球技如何提升,而是在打球的过程中,那些平日里的球友们,有没有"关注"到他很惨地输给了一位后起之秀。

"他们瞧不起我,我输给了一位比我晚学会打球的臭小子,他们一定在心里面嘲笑我呢。"

事实上,他跟那些球友很少交流,他内心里一直把他们定位成了幸灾乐祸的看热闹者。他心中是渴望得到大家的认同的,也渴望与大家交际,但是他始终觉得这些人都在准备着嘲笑他,他虽然在他们面前会极力表现,但又只能逃避与他们过多接触。

人际关系也只是一场游戏,是渴望的游戏。如果你能这样想,我祝贺你,你将拥有人脉的理性思维,激发内在的潜能,具备超强的意志力,因为你不会在乎很多,同时,你的渴望不会被抑制。即便受到了一些挫折,你也能够保持长远眼光,超越这些让人心灰意冷的心理障碍。

我们每天都会在交际中接收到很多讯息,这些讯息如果被你的消极意识加以发酵,就会生发出负面的第六感,从而影响你的交际。比如说,你一大早跟一个朋友见面,朋友不经意的一句话:

"嗨!你今天看上去气色不怎么好啊,是不是最近没睡好觉呢?"

"嗨!你今天看上去气色不怎么好啊,是不是最近老上火啊?"

……

于是你可能就去进行心理自我检查了,照照镜子看,果然气色不佳啊!内心再一想,果然最近老上火睡不好觉啊。这并非你希望的状态,但因为你意识上确定你需要这种状态,让你产生了如上的负面认同。

我们难道不是经常如此吗？如果有人冷落或怠慢我们，我们便会盲目地相信这种行为确实针对的是事实——意识的事实。我们被消极的暗示击败了，渴望在这里转向，变成了渴望发生这些消极的暗示，让它们成为现实。

多数人每天都会受到这些消极的暗示，你，我，大家都会遇到此类的信息。但如果我们的潜意识此时正在积极地工作，我们就不必盲目地接受这些不良的有害健康的暗示。相反，我们在面对这类意识误导时，要学会反驳："我很好，我没有问题！"

第四节
"29 分钱"的故事

西方有句名言说：你们不要论断人，免得你们被论断，因为你们怎样论断人，也必怎样被论断。

仔细体会这句话，可以得出这样的心理蕴含：评价别人是一种思考后的判断，就是你在自己的意识中得出一个心理结论。你对别人的想法是你自己的，源自自己心理的，你的想法具有创造性，你的想法和评判不等于被评判的对象。实际上，你是根据自己的经历以及自己的所想、所感来创造对别人的感受和看法的。你给别人的评判，也就是你给自己的评判，你建议别人怎样，就是建议自己怎样。

当你为别人设立标准时，你也就在自己的潜意识里设立了这些标准，然后，这些标准会被用到你自己身上。所以，如果你对人苛刻，就会在心中建立起苛刻的潜意识习惯，在评判别人时，所获得的第六感也都是苛刻的，这样你就很难拥有一个良好的人际关系了。现在你知道了这个法则并明白了潜意识的工作方式，现在你是否觉得应该设身处地地为别人思考，以宽容大度的心态来对待他们呢？如果你这么做了，也就是为自己创造了一个拥有正确行为、感受和思想的环境。

如果你想让别人也为你考虑的话，那请你一定以同样的方式考虑一下别人。

如果你想让别人理解你的话，那么也要以同样的方式去理解别人。

如果你想让别人以某种方式对待你的话，那么你就用同样的方式来对待别人好了。

意识总是相互给予反馈的，你对待他人的态度，也正是那个人对待你的态度。比如，你在表面上可能对办公室的某人彬彬有礼，但当他转过身时，你的潜意识却对他颇有微词，甚至恨不得踹他一脚。

你会想："这人真讨厌，昨天欠我一顿饭钱，今天没有还的意思，我真想跟他绝交。"

还可能是："他一直对我有意见，我不准备原谅他，我会一直诅咒他。"

这种负面的想法对你来说是极具破坏性的，它就像是一副致命的毒药，会一点点地剥夺你的精力、热情和善意，让你在人际关系中找不到舒适的位置。而且，这些消极的情感一旦进入你的潜意识，就会给你的生活带来各种难以预料的苦恼，包括让你失去朋友——

最好的朋友也会因为你的刻薄离你而去，他们不会在你制造的夹缝中勉强和委屈自己，你所给他们造成的第六感，一定是非常糟糕的第六感。

　　李小姐在北京的一家三甲医院做护士，收入颇丰，她丈夫是一位成功的企业家，事业家庭可以说都相当不错，她理应是春风得意、无忧无虑的，但是她实际的情况却并非如此，她非常苦恼，因为她缺少朋友。她甚至万分羡慕大街上走在一起有说有笑的闺蜜们。

　　这对她来说实在是件非常严重的事情，她也不是缺少交际平台，虽然交际机会很多，但是用她自己的话来描述就是，朋友交一个丢一个。她在与人打交道时，会不经意地压抑自己，聚会时冷场、尴尬的局面时有发生，因此怎么也找不到一个可以推心置腹的朋友。在她眼里，没有朋友的生活，就像是被关在狭小的牢笼中，令她窒息。

　　就这样，长期的忧虑影响到了她的自信，也逐渐干扰着她正常的工作。她一直想不明白自己在哪个环节出了问题，而且她还是一个优秀的护士，她能那么体贴入微地护理好病人，却不能护理好自己的朋友。她开始变得愤愤不平：我是如此不错的女人，怎么就找不到一个知己，甚至一个普通的吃喝逛街的朋友？为什么人们盯着我看时，就像在看一个怪物？

　　如果我们进入李小姐的生活，就会发现，她可以很好地和病人沟通、交谈。然而一旦说话的对象变成了"朋友"，她就开始变得手足无措了。她在与朋友交际时，心中会过分地关注自己的衣饰形象，对自己的言辞也非常小心，生怕触怒了对方，而且她还会敏感地关注对方的反应，甚至为任何的失误感到焦虑。这就是她的整个交友时的表现。

如果仅只是这样的话,她还只是一个拘谨的人,并不至于"至察而无友",最要命的是她对别人也会如此要求,不能容忍对方犯任何错误,总是习惯用十分苛刻、细致的标准要求自己的"准朋友"。

再三的失败最终让李小姐的自信心大打折扣。为了找到原因,她拜访了心理医生。经过与心理专家几周的面谈咨询和实践,李小姐终于克服了原先苛刻的眼光,转变了谨慎的态度,已经能够以放松的心情愉快地和朋友们谈天说地了。

一个能宽恕别人、容纳别人瑕疵的人,才能被别人所容纳。试想,谁没有需要被别人容纳的瑕疵呢?如果瑕疵、缺点都不被宽容,那么,还有谁能和谁交朋友呢?可以这么说,谁拥有了宽容的品质,就等于拿到了一张人脉库的入场券。就像英国的海尔普斯说的:"宽容是文明的唯一考核。"对于真正的朋友,就该听取他们的真话,不管那话多么尖锐。而对于无关紧要的事,我们也不要斤斤计较。把细枝末节的小事当作天大的事,是因为我们的潜意识总是坚持成见的缘故。我们应当在朋友真正困难的时候给予帮助,不要在事情已经没有希望之后再说闲话。如果彼此之间有什么误会,应该当面讲清,不可以在背地里乱骂。假如发现某人有什么过错,也应当当面加以规劝。

宽容不仅是交友的基础,更是一种赢得人心的技巧。

有一个"29分钱"的故事,是这样说的:

那是一天傍晚,德兰修女独自一人行色匆匆地走在加尔各答贫民区脏乱的街道上。在加尔各答的贫民区,几乎所有人都认识德兰修女。因为,专门救助穷人的仁爱传教修女会就是她创建的,更何况她赢得了世界人民的爱戴,获得了1979年诺贝尔和平奖。其实,不只是穷人崇拜她,世界各国许多富人也都心甘情愿地给她创建的仁爱传教修女会捐钱。

突然,一个瘦骨嶙峋、蓬头垢面的乞丐不好意思地拦住了德兰修女,然后吞吞吐吐地说:"每个人都很敬重你的事业,都愿意为你做出奉献。我虽然没有能力,但也想给你奉献29分钱,以表我的心意。整整一天,我只讨到这29分钱。如果你不嫌弃,就请你都收下!"

客观地说,尽管德兰修女的全部个人财产,不过只有一张耶稣受难像、一双凉鞋和三件旧衣服,但仁爱传教修女会却有4亿多美元的资产。这29分钱对于修女会的资产来说,确实微乎其微。

这时,德兰修女将随身携带的还没来得及吃的晚饭,即一块面包和一瓶水,送给了他,同时伸出双手,恭恭敬敬地收下了那29分钱。当德兰修女收下这29分钱时,她惊喜地看到,拘谨的乞丐竟然笑了,而且笑得那么开心、那么满足、那么灿烂。

德兰修女想:"这个穷苦的乞丐,在炙热的太阳底下,在40摄氏度的高温下,乞讨了整整一天,才讨到29分钱,却全数奉献出来。29分钱虽然微不足道,但其中饱含着无价的爱心。"

后来,德兰修女多次在演讲中说:"穷人没有钱,没有地位,但不缺少互相帮助和体谅的爱心。这正是穷人的伟大之所在。只要愿意的话,我们每个人,即使是一个卑微的乞丐,也可以对他人献出爱心,对他人有所帮助。"

中国有句老话叫"伸手不打送礼人",一个人送你礼物,你会因为对方的礼物不够好,就表现得苛刻和不屑吗?如果是这样,那你就永远得不到宽容的回报。同样地,如果一个人做得不够好,这不正跟送你的礼物不够好是一样的本质吗？一个送礼不够好的人，跟一个做得不够好的人，都应该得到我们的爱和接受。就如乞丐的29分钱，你已经无法要求他付出更多，因为这已经是他的全部。如果交际中，一个已经对你做到最好的朋友，你仍旧会苛责其不足吗？如果是那样，相信你不会有几个朋友的。

我们在交朋友的时候，如果别人不喜欢你，是因为我们还不够让人喜欢。如果无法说服他人，是因为自己还不具备足够的说服能力。当你可以这样思考问题时，你就明白了自己以前的错误：你为别人设立标准时，你也就在自己的潜意识里设立了这些标准，然后，这些标准一定会被用到你自己的身上。

所以，这就是很多人交朋友总是失败的原因，而一旦你知道了这个法则并明白了潜意识的工作方式，你就会设身处地地为别人思考，会正确地对待他们。如果你这么做了，你也就是为自己创造了一个拥有正确行为、感受和思想的环境了。在这种环境下，你的感觉也会是全新的、开放的、接纳的、宽容的第六感，在这种感觉下，你的交际一定会如鱼得水。

如果你对别人行了善，别人也会以同样的方式来报答你。如果你对别人做了邪恶的事，根据潜意识的工作原理，我们也会遭到报应。如果某些人欺骗和愚弄了别人，他实际上也是在欺骗和愚弄着自己。

所以，从现在起，学会宽恕吧。如果你伤害了别人的自尊心，那么你也不会得到善意的回报。你苛刻，别人就对你苛刻，而且你要知道，每个人都想得到爱和赞赏，都需要感受到自身存在的重要性。我们要充分地认识到，每个人都清楚自己的价值所在，别人跟你一样，也会感受到自己作为人类的一员是多么神圣。

宽恕的心理能够帮助你把所有的人视为自己所爱的人，在这种第六感之下，当你对其他人不友善时，一定会感到不自然，这不符合你第六感所提示的，不符合你友善的、爱人的本性。

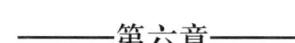

―――第六章―――

建立快乐积极的第六感

你想成为什么样的人?
你希望在人前展示什么样的形象?
你的优点和缺点是什么?
你该如何对待你的优点?
又该如何处理自己的缺点?
你想拥有一个怎样的第六感?

第一节
与心灵对话

每个人都在忙碌着,但并不见得每个人都知道自己为什么忙碌着。当停下忙碌的脚步时,有多少人抬起头来,想想未来的自己会是什么样子?我们要学会和自我的心灵进行对话,对自己的人生目标和状态进行定位。如果一个人不知道自己真正想成为怎样的人,那么他的努力,他的忙碌,就可能都是些徒劳无益的无用功。

你想成为什么样的人?你希望在人前展示什么样的形象?你的优点和缺点是什么?你该如何对待你的优点?又该如何处理自己的缺点?你想拥有一个怎样的第六感?你想传达给别人一个怎样的第六感?

不要回避这些问题,要回答这些问题并不难。在现实生活、人际交往中,状态不佳并不可怕,可怕的是我们既不知道应该做什么以改变自己的形象,又不知道自己给别人造成不良印象的第六感的原因何在。这些问题,都应该在自我内心的对话中找到答案。

我们应在自我对话中,体会自信、愉悦及平衡的感觉,让自我主体与时空坐标在对话的过程中得以确认,并建立起第六感体系和处事机制。

与心灵对话的本质是:自我接纳与意象间的对话。

从心理学的角度讲,"自我意象"就是一个人对自我所刻画和认可的自我"图像"或"肖像",或者说就是你闭上眼睛直观感受到的自我形象,它是人对于自我是什么人,能干什么事的自我认知和评价。这种自我意象的形成不是天生的,而是来自于每个人已有的经验,比如成功或失败的经验,欢乐和痛苦的经验,荣誉和屈辱的经验等,此外还有他人对自己的评价。所有这些影响中,尤以童年、少年的独特经历最为深远。我们根据自我意象的导向把它分为积极的自我意象和消极的自我意象。前者是对自我的正方向评价,如自我接纳、自尊、自信、自爱、善于克服困难等;后者则是对自我的负方向评价,如自我否定、自卑、压抑、自暴自弃、脆弱、意志力薄弱等。不同导向的自我意象,直接影响我们第六感的判断取舍方向。面对同样一件事,正方向的自我意象,有助于产生解决问题的第六感;相反,负方向的自我意象,则有助于产生怯弱、逃避的第六感。

我们概括出自我意象以下三个方面的特征:

第一,自我意象是一个人行为的基础和前提。

我们的言行举止,甚至包括一个人所营造的人际环境,都是建立在这个基础上的。一个人会按着自己对自我的评价去行事。比如,一个认为自己很有能力,能胜任某门学科的人,他就会因此对该学科饶有兴趣,继而信心十足地去学习、应试,他处在一种良好的第六感中,充分发挥出自己的潜力。反之,一个缺乏自信的人,按照负面的自我意象去行事,就难免会兴趣索然、畏首畏尾,压抑地学习、应试,最终难以发挥自己的潜力。

可见,不同的自我意象,会产生截然不同的第六感,对于我们的人生有着截然不同的影响。有着消极自我意象的人,他们倾向于搜集失败的信息,他们对于失败总是耿耿于怀,念念不忘,总有不如人之感。比如一个销售员，他在前去拜访客户时，经常出现"我说服不了他，这个客户太一根筋""我的职业太乏味，毫无意义"等想法，这样他在工作中一旦遇到挫折，就相信命中注定，继而就更加强化了消极的自我意象。

相反的是，那些具有积极自我意象的人总是认为自己有能力、有信心克服困难，赢得成功。一些表现良好的销售员，他们在工作中，将难以说服的客户视为挑战，积极思考，举一反三，善于从挫败中获益，并及时淡忘被打击的痛苦。他们善于搜集成功的体验，不断激励自己从成功走向更成功。

可以说，这是两种完全不同的自我意象建立起的完全不同的第六感，在这不同的第六感下，形成了截然相反的恶性循环与良性循环。积极的自我意象引导的是不断成功的循环，消极的自我意象引导的是不断失败的循环。许多人在工作和生活中非常努力，却收效甚微，甚至经常遭受失败的痛苦，其重要原因就在于他们所具有的消极的自我意象。这种消极的自我意象影响着工作的效率、情绪、潜力的发挥，以至于影响了最终的成功，产生了不如意和失败的结果。它是决定人们行为效率的动力机制，是决定我们幸福与否的关键因素。

很显然，我们如果不能改变消极的自我意象，就会增加工作、生活的难度和压力，无法释放积极的潜能。

第二，自我意象具有一定的稳定性，但是它又是可以改变的。

我们需要强调的是，自我意象是后天才逐渐形成的，不是一种先天经验，它存在于意识层面和潜意识层面，占据主导地位。它一旦形成，就具有一定的稳定性，对人的行为产生巨大的影响。许多人表现不佳，如焦虑、自卑、紧张等，这些只是消极自我意象的外在表现，如果具有这些消极意象，它所形成的负面第六感，会直接导致你在行为层面屡屡失败。我们必须致力于意识和潜意识层面的自我意象改变，这样方可取得长久的效果。

　　西方某心理学专家在自我意象的改变上，做了最早的也是最有说服力的实验，他是这一领域的先驱者。他曾在心理实验中获得这样差异悬殊的结果：在第一个实验中，被测试的学生一开始在100个单词中拼错了55个，而且很多课程都不及格，但在第二年，他的各科成绩平均91分，是全校拼写最优秀的学生；另一个被测试的学生一开始因成绩太差而被迫退学，经过实验后，他被某知名大学录取并成为全优生……

　　为什么能取得如此明显的效果呢？这位专家分析后认为，人的个性是"一套思想体系"，它是各种感觉、理性等整合一致的体系，是潜意识的外在体现。与这个体系不一致的思想，一定会受到排斥而不能引导行为；与这个体系相一致的思想，则会被采纳而引导人们的行为。个性的中心或者说这套思想的中心就是个人的"自我意象"。

　　假如人的自我意象是消极的，成功也会被解释为偶然，失败则被解释为必然。他们会自觉不自觉地收集佐证，来强化自己消极的自我意象。因此，改变自己，我们就必须改变自我意象。如果一个人对于某项工作的开展，觉得有困难，事半功倍的方法就是他首先改变自我意象，改变自我观念，从消极的自我意象变成积极的自我意象。随着这种改变，他的工作能力和生活的幸福度也就会随之得到提升。

　　从这个角度来看，我们不仅要把工作视为人与人之间的竞争，更要将其视为自我与自我的竞争，是旧我与新我的较量。工作准备的过程是不断改变旧我，塑造新我，提升自我竞争力的过程，我们要建立起人生就是一个自我提升的过程的信念；工作的发挥只是充分展现新我，实现自我潜能的过程。如果把自我意象的改变作为工作准备的重要内容，那么，工作过程就是自我超越和发展的契机，是建构自我新形象的过程，是建立积极的自我意象的过程。

当你拥有这样的心态时，你就会拥有超好的第六感，你在公司将不仅仅是乏味地对着让人焦躁的电话、让人眼花的电脑或者是让人发愁的业务单，它将会充满挑战自我的快乐，充满超越自我的欣喜。由此，工作便成为了一个人生的成长过程，我们不断克服一个个难题，渡过一个个难关，不断地走向成熟和理性。

第三，自我意象与"归因心理"。

就其字面的含义来说，"归因心理"是指把原因归类于某处，也就是说，我们可以将行为或事件的结果归属于某种原因。通俗地讲，归因就是寻找导致结果的原因。归因的不同，直接反映一个人自我意象的差异。心理学将归因理解为一种过程，因此，归因是指根据行为或事件的结果，通过知觉、思维和推断等内部信息加工过程而确认造成该结果之原因的认知活动。

重点是，不同的归因一定会影响归因者对于未来的期望和行为。积极的归因，会极大地强化归因者的激励水平，充分发挥其潜能，消极的归因则会降低归因者的积极性。

心理学专家根据对于成败行为的认知，提出了一个归因模型。这种理论模型认为：能力、努力、任务难度和运气是人们在解释成功和失败时知觉到的四种主要原因，每一种原因又可从控制点、稳定性和可控性三个维度进行分析。根据控制点维度可将原因分成内部原因和外部原因，能力和努力两项属于内控，任务难度和运气则属于外控。根据稳定性维度可将原因分成稳定的和不稳定的，能力和任务难度两项较稳定,其他各项则不稳定。根据可控性难度,又可将原因分成可控的和不可控的,只有努力一项是可凭个人意愿控制的,其他各项都是个人无能为力的。

由此可见,自我意象的确与归因密切相关,并且决定着人们的行为水平。消极的自我意象,倾向于将失败归因于能力低、任务难等稳定因素。一旦受挫,人的自信心会备受伤害,成就动机可能大大削弱。积极的自我意象倾向于将失败归因于自己的努力不够、粗心大意或运气不好等不稳定因素,即使失败也不气馁。

人类的所有行为、感情、举止,甚至才能,永远与自我意象相一致。"自我意象"是人类个性和行为的关键。改变自我意象就能改变人的个性和行为,所以我们需要为自己建立起积极的自我意象,培养出乐观的第六感。

第二节
拒绝虚伪,活出真实的自己

孟女士在一家中小型的广告公司上班,她特别反感她老板的虚伪:每当快要下班的时候,她的老板就会走到她的身边说:"小孟,下班了,早点回家休息啊。"每天都要说上两三遍。一开始孟女士的第六感就明确地判断她的老板是在惺惺作态,所以仍坚持过了下班时间并加班半个多小时后才下班。但她有些受不了老板天天如此,她就在老板的又一次提醒后,当真收拾东西下班了——离下班时间还有五分钟。就是这五分钟，第二天她就听到同事私下里告诉她说："就是你早走了那五分钟，老板在这里嘟囔了半天，说现在的年轻人一点苦都不肯吃，含沙射影的，说得我们都不舒服。"听到这些，孟女士心里那真叫一个气。

显然，案例中的孟女士遇到了一个虚伪的老板，说一套做一套，完全是两面派，显得非常虚伪和做作。相信有不少读者也正处于职场中，如果遇到这样的情况，你该怎么办呢？

我们这里有两个建议：

一、千万别做职场最聪明的人

什么叫聪明？很多人理解，聪明就是要好好表现，而且要让所有的人都看见自己的聪明。但是，我要你记住的，是别怕做职场里最笨的那一个，也千万别做最聪明的人。有些人没有自信，就怕自己是人们眼里最笨的那个。事实上，在公司混得最差的，通常不是最笨的，而是那些自以为很聪明的。当你的第六感觉得自己很厉害时，尤其是觉得自己在一个团队中是最重要的，这说明你可能距离很惨已经不远了。

我们觉得每个人都该对自己有个较为严格的评价标准，每个人对于自己智商的评估，应该至少打一个对折，这才接近于真相。聪明应该不是自己评定的，而是大家集体认定的。我们强调不可以有自卑的第六感，但更不可以有自以为聪明的第六感。聪明需要用事实来认定，而不是用嘴巴。你需要第六感带来的是自信，而不是自作聪明。事实上的情况是，笨人虽不能爬上权力的高峰，却可以在职场里找到安身立命的地方。可那些自作聪明的人，却往往会被人排挤，会成为最先遭遇失败的"出头鸟"。

所以，聪明是一种很危险的状态，笨反而更安全。这是虚伪吗？很显然不是，这是实实在在的谦虚，而且是一种第六感与潜意识的内敛状态，这是一种随时可以激发、释放并且蕴含巨大能量的状态。我们每个人，都要追求这种状态。这是重塑自我的第一步，是从根本上远离虚伪的表现，也是平时觉得自己很厉害、什么都能做的人要好好学习的。

二、虚伪的人其实并不是异类

很多人都会觉得，我身边同事都太假了，他们像是戴着面具的人。而实际上，这种虚伪的人在职场中是主流，所以一个实话实说的人反而成了异类。因此，你也千万别把职场中虚伪的人当成怪胎，他们每说一句谎话，都是有好处的，而你做不到他们那么虚伪，是一种缺憾。所以在职场中，你可以拒绝虚伪，但要学会沉默。

对于我们的第六感来说是没有虚伪和假扮的，因为你一旦说谎、做作，首先要做的就是用理性来改变第六感的判断。虚伪都来源于趋利避害的理性判断。事实上，在一个团队或组织中，每个人出于趋利避害的天性，都会有虚伪的表现。上文例中的老板，之所以虚伪地让员工早点下班，就是希望塑造自己关心员工的形象——这对他有利；而内心又责怪员工提前下班，则是因为员工少做了工作，可能使老板的利益受损。

面对虚伪，我们不要完全抵制、反感，而是要视其为一种常态。我们完全可以拒绝虚伪，活出真实的自己，但是也要理解别人的虚伪表现，不要用自己的真实向别人的虚伪宣战，这样做的结果很可能是要用你的真实去为周围的虚伪"埋单"。

第三节
启动放下过去的心理机制

在成龙影片《功夫梦》中,成龙饰演的韩先生是一位藏身平凡中的功夫高手。影片的主人公帕克从底特律来到北京,因机缘巧合而跟随韩先生学习中国功夫。帕克在学功夫的过程中发现韩先生一直在精心修理一辆破烂的汽车,就在他功夫快要学成时,韩先生把即将修好的汽车用锤子砸得破烂不堪。大惑不解的帕克,通过心灵上的亲近获得了韩先生的信任,使他讲出了隐藏在心底的过去。原来几年前的一次车祸,让韩先生痛失妻儿,他无法原谅自己的过错,用尽所有的精力修好汽车,但却找不回已经死去的妻儿,于是他不断地把汽车砸毁、修好,永远活在了过去的噩梦里。

当然了,影片中的韩先生最后走出了过去的阴影,同主人公帕克一同开始了对新生活的追求。

我们每一个人的过去都不会是完美的,或许我们都有一段不堪回首的历史。对于不堪的过去,逃避不是根本的办法,完全忘记也不太可能——若是一件可以轻易忘记的事情,那说明其不足以使人觉得"不堪"。

笔者早年也曾有过一段非常不堪的过去,当年我刚从大学毕业,因为内心里觉得自己毕业的大学还算不错(当时并没意识到自己的这个心理），高不成低不就，结果在家待业一年多。这一年多的时间里，我全靠朋友和父母接济。有一段时期，我成了借钱专业户，到处打电话借钱，有时五百，有时一千，还有的时候只是向朋友借几十块钱的饭钱，四处"蹭吃"更是常有的事。到最后几乎没人想接我的电话，只要看到是我的号码，有些朋友就会拒接。

后来，虽然在工作后我的经济条件得到了改善，但我发现很多失败感和不幸感仍然会经常光顾我，总是有各种不同面目的不如意前来造访我，这些不如意甚至比穷困还要折磨人。生命中总会有这样或那样的让我们不忍回头看的片段，我无法忘记，但我又知道不能沉溺在里面。如果爬不出来，我这辈子就算完了。

可能是出于自己的爱好使然，我开始把这些事儿记下来，写在日志中，每隔一段时间，就翻开看看，品味一翻。

奇怪的效果发生了，每看一遍，我内心中的屈辱感便减少了一分，因为当我能够平和地去阅读和思考时，我从这些经历中找到了大量的有益的经验和教训。比如，当年我成了"借钱专业户"，没有一份工作，不是所有的人都跟我作对，而是我眼高手低，内心的安逸情绪在作怪。我总想找一份朝九晚五、不受风吹雨打的工作，还要求老板给我不菲的工资。在这样的意识遮蔽下，许多本可以从事的工作机会被我忽略了，所以别人瞧不起我，我只能站在海边嗟叹和抱怨。当潜意识逐渐发现到这一点时，我的过去就为我的人生提供了一份别人无法复制的经历，而这些经历，是一笔无价的财富。

我有一位同学，他的过去比任何人都要黑暗，在我是"借钱专业户"的时候，从来没打过他的主意——因为他也穷。当年他结婚的时候，买不起房子，没有汽车，甚至没有收入。而且，当时他还有严重的家族遗传性糖尿病。但他一直微笑面对，和妻子共同面对这些问题。

这还不是黑暗的尽头,他们结婚五年后才生了一个儿子。结果,孩子因早产而先天发育不良,在医院的保温箱待了一个月就夭折了。在儿子走的那天晚上,他差点自杀。我很理解他,换作是谁遇到了这一系列的变故,也很难承受得住。

那天晚上我和他坐在医院的天台上谈心,我问他:"你觉得明天是什么颜色呢?"他没有回答,答案不言自明,他不觉得自己还会有明天了。

但是,他依然挺了过来,一次偶然去他家看望他时,我发现了他和妻子共用的日记本,原来他们一直共同记下所有发生的事情,然后还会在合适的时间,两个人一起翻开来阅读,互相鼓励,分析问题,重塑信心。当他们把这些过去写下来,并且勇敢地读出来时,其实就已经卸下了沉重的心理包袱。

我想这应该不只是一种巧合,记日记不是解决"过去问题"的唯一办法,但这提供了一个放下过去的心理机制:不逃避,面对并体会过去的经历。

勇气以及意志,是我们告别过去的基础,同时,如果还能顺利地做事,灵活地对待那些挡在路上的绊脚石,采取迂回战略,那么我们的内心将会更加坚定。因为痛苦是一种财富,你必须认识到,一个人,他必须要经历失败,把所有不可能的假象排除,剩下的才会是唯一的通向成功之门的钥匙。

第四节
暗示：触发潜能的释放

改善自我的状态，心理暗示是一种很好的选择，这是心理治疗中一种很常用而且很有效的方法。暗示现象对人生和社会都有着巨大的影响，对我们个人来说，更是非常重要的。

暗示现象在儿童的身上表现得最为明显，中国很早的《孟母三迁》的故事就说明了这点：

孟子很小的时候，父亲就去世了，他的母亲一人带着他，一心想把孟子培养成才。孟子家住在一个坟场附近，孟子开始懂事时就跟着人学哭丧的事儿。孟母见了，心想这可不利于孩子的成长，于是就把家搬到了一处闹市。而在市井中，孟子很快就开始跟着商人学些嬉皮夸口、炫耀贩卖的事。孟母见了，又觉不安，于是再次搬家。这次更不巧，搬到了一处屠宰场附近。这下孟子更来劲了，没几天就跟着屠户学起了杀猪宰羊。孟母更觉不妥，最后把家搬到了一处学堂附近。这回孟子终于跟着读书人学起了读书讲礼的事情，孟母也就放心了。孟子后来的成就，就是我们每个人都知道的"亚圣"了。

也许孟母并非什么教育家，但她非常明白环境对一个人的暗示、诱导的作用。孟母三迁教子，便是暗示疗法的典型案例，她是避开了坏的暗示，利用好的暗示把孟子培养成了一代圣哲。

曾有一段时间，市面上非常流行一种据说带上后可以治疗颈椎疼痛的橡胶链子，某公司通过媒体宣传此物的各种功效，一度引起了大众抢购。甚至该公司还陆续收到数千封感谢信，盛赞其效。难道这东西真有如此疗效吗？相信不是的，因为如果当真有此神效，一定会被引入医用的。那难道这是迷信吗？也不是的，这是精神的自我暗示起到了巨大的效果。购买它的用户，进行了自我暗示治疗，激发了身体自我修复的能量。从过程上看，是身体的潜能救了自己，但从结果上看，源头却在这个被注入了暗示效果的小东西上。通过自我暗示的疗法，我们可以对自己进行情绪的调节和思想的转化，只要方法得当，一定能够起到良好的效果。

心理学上的暗示标准，并不在于发生示意方，而是指接受示意方的心理、生理、行为在自身不明白的情况下，受到语言、动作、意念或者情境的影响而发生了改变，这也算是一种第六感的表现形态。在一个暴力的环境中，我们的第六感会充斥着对抗、打击；在温和的环境中第六感则会平静、安定。

像生活中我们常说的"近朱者赤，近墨者黑"，就是指一个人处在别的环境中，在不知不觉中被潜移默化，受到了对方或环境的改造。暗示的较高程度就像一个人在被催眠的状态中，催眠师让他醒来后去打开窗户，其结果是他醒来后果然就会照办。问他为何开窗，他就会说觉得热，或者空气不新鲜之类的理由，而不明白是受到了催眠师的暗示指令。

这充分告诉我们，潜意识接受命令的方式，通常是暗示的作用。在暗示现象中，发生示意方可以是无意、含蓄地表示，比如古代的帝王看见日食就认为是上天在示警，往往减刑罚、省徭役，日食对于接受暗示方就是无意、含蓄的现象。发出暗示方也可以是有意而且明确地指示，像催眠师让患者醒后去做某一件事，当然是一种非常明确的指示。

但是，无论发生暗示方是有意、无意、明确或者含蓄，对于接受暗示方的显意识来说，都是不明不白的。古代帝王自以为明白了上天的警示，其实上天何尝有减刑、省役之意？真要究其原因，应该就是他们潜意识中的畏惧感，让他们形成了对自我行为的反观，产生了要行善以敬天的第六感。

暗示所产生的第六感，可以直接触发人的潜能释放。《史记》中记载，汉代著名的飞将军李广，在一次夜间的巡逻中，见草丛中有虎影，一箭射去不见动静。第二天他再去查看时，原来没有老虎，那支箭深入到了一块巨石中，但是他再用箭射时，却怎么也射不进石头里去了。由此可见，虎影的暗示让他产生了危险、要全力一搏的第六感，激发出了他很大的潜能。

积极的暗示，就会产生积极的第六感，积极的第六感引导你做出积极的事，得到积极的结果。

一个典型的例子是，很多重症或者癌症病人的速死，在很大程度上不是真正的因病而死，而是因为生病以后的自我消极暗示的结果。他会想："我就要死了，没有一点办法了。"他们精神崩溃，情绪低落，消极治疗，有些人连药都不想吃了。这种消极的暗示产生了非常糟糕的第六感，让他们的身体加速衰老，甚至丧失抵抗能力，从而客观上让病痛加快生长，在最短的时间内，使他们失去了生命。更有极端的，甚至是直接选择了自杀。

但是反过来，假如医生不告诉他真实的病情，而是联合家人一起对他说："你没什么病，就是累的，太疲劳了，应该多休息，除此之外你很好，只要吃一些药，配合我们打打针，过上半年你就痊愈了。"为了加强暗示的效果，还可以制造一份假病历，以及假的透析结果，让病人验证。那么，事情就会走向另外的方向。病人会心情大好，充满了乐观和积极的情绪，他想尽快好起来，重新去工作，所以积极配合治疗，调动体内一切潜能，跟病魔进行对抗。那么，一个只能活三个月的癌症病人，可能在这种坚强和积极的精神暗示下，能够支撑六个月或者八个月，有的甚至可以发生控制住癌细胞扩散的奇迹。

　　自我暗示，就是对自己潜意识或者潜能的全面激发，消极的暗示一定会压制人的潜能，就像很多家长，他们平时因为压力和繁重的工作，对所谓的调皮的孩子放弃教育时，就是消极的潜意识在起作用。他们会恨恨地说，这个孩子不可救药了。于是十几年后他们就发现，这个孩子真的是不可救药了。

　　暗示不全是来自外界和别人，自我肯定更是对我们自身非常有效的一种积极的暗示疗法，它通过改变自己的情绪与心态来促使自己进行积极的行动来改变周围与世界的一种方法。所谓想什么来什么，对自己进行积极的自我暗示，告诉自己一直很棒，你就能变得比以前更优秀。

　　日本的行销之王原一平，他每次去客户那里都会先进洗手间，对着镜子不停地告诉自己是最好的，相信自己一定能成功推销产品。就是带着这样的自我肯定式的暗示，他获得了一次又一次的成功。

　　自我肯定需要不断地重复和强调，比如当我们累了倦了，我们需要振奋，可以用一些简单的运动来调节自己的心情；当我们伤心的时候，我们需要大喊，"我快乐，我要快乐，我很快乐"，喊到你真的快乐了为止。而当我们愤怒时，需要对自己说：平常心，平常心，平常心。就这样重复下去,直到起作用为止。因为暗示疗法的一个公理就是:"暗示在重复中获得力量。"

不要觉得这种方法太白痴,试过之后你就会明白它真的可以为你建立起快乐、积极的第六感。应用这种暗示疗法的最佳时间,是在我们最疲惫的时候,或者说在我们的意志最薄弱的时候。而且,一定要心口如一,内外统一,绝对不能自相矛盾——不管你信不信,反正我是信了。

第五节
重塑全新的自己

只有去掉我们旧的固执的缺点,激发体内的潜能量,才能重新塑造一个全新的自己。所以,重塑自我,就是由内而外创建一个全新的自我感觉,建立自己的新生活。一个人,他要想被现在所处的世界所接受,必须要重塑自己,不断适应新的环境,不停学习。

而能否重塑自我不是要看外界环境怎样,而是取决于自己的内心。

古时候有一位仁爱的智者在山中讲学授徒,前去学习的年轻人很多。在一天早上,天还未亮,四周一片漆黑时,智者召集了徒弟,问了他们一个问题:"你们谁能告诉我,什么时候可以算作是黑夜的结束,白天的开始?"

徒弟们面面相觑,这时有一个比较机智的徒弟说:"是不是可以说,当你能看见前面走过来一个动物,并能分辨出它是一只绵羊还是一只山羊时,就是黑夜的结束,白天的开始?"

仁爱的智者轻轻摇了摇头。

另一个徒弟说:"那是不是当你能看见远处的一棵树,又能说出那棵树是梨树还是桃树时,就是黑夜的结束,白天的开始?"

智者再次摇头。

徒弟们在一阵猜测过后,终于忍不住问智者:"师父,那您说黑夜是什么时候结束的?"

这时仁爱的智者平静地回答说:"当你无论看到一个男人或者女人的脸,都能把他们当作自己的兄弟姐妹时,黑夜就结束了。如果你做不到,那么无论何时,你的心都在黑暗之中。"

这个故事告诉我们,只要心中有爱,你就能活在永恒的白天里。同样也说明,是否可以重塑自我,并非取决于外界的环境是黑夜还是白天,而是完全取决于我们的内心。

当我们发现自己的生活变得很不顺利时,这是一个不好的消息,因为我们已经选择了让自己置身于目前的生活境况之中。但是,还有一个好消息,因为我们可以选择让自己置身于更好的环境,改变自我的认识,并且激发潜能。也就是说,现在及将来的我们可以是什么样的,将完全由自己做主,这一重大的决定,没有谁可以代替,它的投票权一直握在我们自己的手中。

当你决定要改变自己、重塑自我时,不能只是"想要"改变,而是"一定要"改变。因为内心期望强度的大小,会产生不同程度的第六感,只有当这种第六感非常强烈时,才足以促使你不断改变、完善自己。如果程度不够强,则很可能在遇到困难挫折时就止步不前了。

有一位年轻人慕名去向苏格拉底求学,希望苏格拉底能教他智慧,让他变得更优秀。

苏格拉底把他带到一条河边,二话没说,"扑通"一下就跳了进去。年轻人大感不解:难道大师要教我游泳吗?这时他看到苏格拉底在向他招手,让他也跳进河里去。年轻人犹豫了一下,还是跳进了河里。但是万万没有想到的是他刚跳进河里,苏格拉底立即抓住他将他的脑袋按进水里。年轻人拼命挣扎,刚一出水面喘了半口气,就又被苏格拉底按进水里……最后年轻人终于拼尽全力挣脱了苏格拉底,拼命地爬上了岸。他大声问道:"大师,你到底想干什么?"苏格拉底竟置若罔闻地爬上了岸,径自走了。

年轻人追上苏格拉底,一改前面的大声质问,虔诚地说:"大师,请恕我愚昧,我还没明白您刚才的深意,还请指点一二。"这时苏格拉底微微一笑,心道:孺子可教。于是开口说道:"年轻人,如果你想向我学习的话,就必须有强烈的求知欲望,就像你刚才强烈的求生欲望一样。"

改变自己,重塑自我,你有什么样的欲望呢?是否有求生般的欲望?心理学中有一个"期望强度"的概念,说的就是一个人在实现自己期望达成的目标过程中,面对各种挫折与挑战所能承受的心理限度,或说其欲望的牢固程度。就像苏格拉底对年轻人的启示一样,改变自己、重塑自我的欲望,也应该要有求生般的强度。因为一个人的期望强度若太脆弱,他就将无法面对残酷现实或自身缺点的挑战而半途而废。只有那些一定要成功的人,他们拥有足够牢固的期望强度，建立起坚定、自信的第六感，最后方能排除万难，坚持到底，直到成功。成功学界流行一个著名的观点：成功来源于你是"想要"还是"一定要"。如果仅仅是"想要"，可能我们什么都得不到；如果是"一定要"，那就一定有方法可以得到。

有了足够强烈的欲望，接下来要做的就是积极地付诸行动。第六感的一大作用就是直观地指导人的行为、行动，没有行动，感觉再好也无实际意义。

在实践的过程中，最常遇到的就是挫折。如何对待挫折，就好比如何在赛车道上拐弯，这是体现出人与人之间差距的地方。挫折降临时，能保持良好的心态越过挫折，你获得的就是一次质的进步。

成功不会是偶然的。一个真正想成就一番事业的人，必当志存高远，决不可以以一时一事的挫折为念。面对挫折，不能消极退缩，而是要跨过它、粉碎它，将其踏在足下，作为自己攀登的基石，垫高自己的脚跟。正如古人所谓："古之立大事者，不唯有超世之才，亦必有坚忍不拔之志。"这里的"坚韧不拔之志"，就是最好的第六感，它助你屡败屡战，不达成功绝不罢休。

第六节
在沟通之前，正视内心的恐惧

沟通是人与人之间交往的基础，如果没有沟通，人与人之间就会充满不信任感和敌对心态。

曾有一位西方心理学家做过一项实验,他把两个在囚的犯人,关进一间完全黑暗的屋子里,结果是不用多长时间,两人就发生了相互攻击的行为。相反,如果把他们关进一间明亮的屋子里,他们则会慢慢进行沟通接触,有的甚至会因此成为朋友。

在一个完全黑暗的屋子里,我们对外界的感觉是陌生的,产生的第六感也可能是对未知的恐惧感。恐惧感让你全身警惕,与外界高度对立,一有风吹草动,就可能觉得是危险信号,所以攻击行为就会发生。相反,在明亮的空间里,我们可以通过感官判断,获知安全的环境信号,产生安全的第六感,进而就有了沟通的心理需求。由此可见,在沟通之前,我们需要正视内心的恐惧。

有一位在某大型跨国公司做销售的员工杰克,他刚开始做销售的时候,每次去拜访客户前,都要绕着客户的小区转上五六圈才有勇气去敲客户家的门。而拜访的结果,也总是差强人意。

后来有一次,他们公司的销售经理给他们做培训时,他鼓足了勇气,说出了自己的这个心理障碍。

这位经理跟他说:"你是害怕客户的门后有鬼吗?"

他说:"当然不是。"

经理又问:"为什么不是?"

他说:"因为根本就没有鬼。"

经理接着说:"那就对了!你这种恐惧感,就是来自你内心对未知事物的恐惧。对于未知的鬼你不会恐惧,为什么在销售时你心中却还藏着一个让自己恐惧的'鬼'呢?"

经理还对他说,感到害怕的时候,要勇敢地面对恐惧,盯着它看,直视它的眼睛,那时,恐惧自然就会慢慢败退消失——因为它本来就同鬼一样，信则有之，不信则无。

当你开始盯着恐惧时，就打开了与内心沟通的桥梁，开始与心灵进行面对面的交流：它真的很可怕吗？请为我描述它的具体样子。

心灵这时就会问你：你觉得它是怎样的？

啊，它很可恶，让我不敢迈出脚步，不敢伸手去敲门。

那么，你害怕什么呢？

我害怕被拒绝。

为什么拒绝？

因为他们会觉得我是不速之客，理由不充分，无法说服对方。

那么，你是这样的人吗？

显然，问题很快到达了真正的层面：你是否自信，是否拥有说服对方的能力，以及能不能充分展示自己的魅力。心中的鬼，正是你的不自信。到了这里，我们解决问题的窗口就打开了。毫无疑问，这时的你，需要充分检查自己的硬件，然后大声地告诉自己的心灵：我很好，一切正常！如果害怕，那是因为你先在心里相信自己揣着"不自信"的鬼胎了。

那么，将恐惧推到一边吧，你还有什么可犹豫的呢！

威尔逊曾经是美国军队的一名牧师。他说，第二次世界大战的时候，他乘坐的飞机被敌军击落，他跳伞落到了新几内亚高山的丛林里。他当时害怕极了。但是他知道，恐惧有两种，正常的恐惧感和不正常的恐惧感。此时，试图控制住他的，正是那一种不正常的恐惧感。

他决定立刻消除这种恐惧心理，于是他对自己说："威尔逊，你不能向恐惧投降,你所渴望的是安全获救,你会有出路的。"

他站在一条小路上,让自己的呼吸平静下来。当他感到放松下来的时候,他便开始祈祷了:"无限的主啊,你将飞机引到了这条路上来,现在,你将引导我走出丛林,让我安全获救。"他这样大声地对自己喊了十几分钟。

"突然,"威尔逊说,"我感到心里面被什么东西叮了一下,那就是信念。我被一种力量带领到了小路的另一头,在那儿有一条道路,我就开始沿着那条路走,走了两天后,我奇迹般地看到了一个小村庄,村里的人很友好,他们给我吃的东西,最后把我带出了丛林。最终,我被一架救援飞机接走了。"

威尔逊及时地调整了心理状态,他的信念救了他——让他拥有了自己一定可以走出去的第六感,这也是他对主观的智慧认同的结果,也是与内心进行良好沟通带来的好运。

——第七章——

塑造他人的第六感印象

毫无疑问的是,
神秘感是一种典型的第六感表现,
它会对人形成持久、深刻的印象。
不管这种印象是好是坏,
但都有一个共同点,那就是非常有力。

第一节
制造神秘第六感

神秘感是一种奇特的心理力量,是指人对于"未知的、既可能产生巨大正向影响又可能产生巨大负向影响"的力量,将会产生神秘心理,并且有区别地服从或逃避它的驱使,同时关切地、紧张地、惶惶不安地注视着它所产生的后果。

毫无疑问的是,神秘感是一种典型的第六感表现,它会对人形成持久、深刻的印象。不管这种印象是好是坏,但都有一个共同点,那就是非常有力。

在古代日本有一类很厉害的"职业战斗者",即忍者。他们就非常善于利用和制造神秘第六感,来对敌人形成威慑,传播自己的"威名"。在关于忍者的传说中,他们除了会用出名的隐身术,还懂得让人心寒意冷的缚身术和咒术。相传他们与人交手时,打了一段时间后,会忽然跳开,双手握紧,口中念念有词,然后大喝一声,对敌人凌空挥手一指。不久,奇怪的事情就发生了,敌人就全身瘫软死掉。

或许你会觉得奇怪,既然忍者有这么厉害的一招,他们干吗不在一开始打斗就用这咒术呢?其实忍者只是用毒高手,他们用了一些无色无味的毒药,在与敌人交手时,巧妙地让对方吸了进去。然后,在预测了敌人所食的毒药就要发作的时候，忍者就会跳开，对着他"念咒"，然后向敌人一指，就刚巧是药力开始发作的时候，于是他们的"咒语"就产生了克敌制胜的作用。

忍者的这一做法，就是运用了人们对咒术的神秘信仰心理，给人制造出了神秘的第六感。每当在打斗中他使出这一招时，当然要确保给其他人看到，使得大家都以为这忍者是恐怖的咒术师。因为人的受众心理是喜欢听故事，并在臆想中为故事说圆的，所以忍者的恐怖形象就被大家一传十、十传百地宣传开来，故事每传一次就被扭曲一点，每扭曲一点就被下一个传播的人自圆其说地完善一些。往后，只要你一遇到忍者，就可能先怕了。忍者能够制造出越强的恐惧能量（即神秘感的负向影响力量）越好，当他被聘杀人时，只要他在"被杀者"面前出现，"被杀者"可能就会怕得无反抗之力了，那么他的工作就容易得多了。

人们在这期间之所以愿意帮忍者做宣传，就是由于神秘感的推动力量。

在别人的脑中播撒神秘的第六感并非不可能，在生活中其实就常见这种做法。例如在保险业中就会有一种"虚伪式神秘感"的播撒方式，只是这种方式不甚高明，其效果也不甚好，这里我们作为反面案例了解一下：

我们都知道保险业中推销保险的从业人员，常常会上门或打电话推销他的产品，我们心理上对他们的这种作为是天然抵触的（抵触的第六感）。所以保险业的从业人员，往往认为在与人第一次见面时，尽量不要讲自己从事什么行业，就算对方问起，也要讲得模棱两可，因为他们担心一旦让对方知道自己所做的事情，人们就会回避他，避免被推销保险。

所以，有些保险业务员刚见新朋友时，如果被问起从事什么行业，他们会模糊地说："哦，我是做顾问的。"这样一来，他就初步建立了一个神秘的第六感——我是做顾问的，你想不想知道我是做什么顾问的呢？但，这种模糊答法会更危险。因为，通常业务员讲了这种模棱两可的答案后，就开始逐步犯错：他先"刻意"地隐瞒了自己的工作，然后又在谈话中找机会开始问对方"你对人生保障有什么看法"或"你有没有个人投资"等问题。其实只要他一开始就进入这一类话题时，对方就会开始猜测他问这些问题的动机，因为人与人之间的闲聊，很少会无端地做这种"访问式沟通"；最后当对方知道之前他刻意提出的话题原来是要推销保险的话，对方的防备会更大。所以，他前面建立起的神秘第六感，就起到了适得其反的效果。

所以说，除非你真的不想给人知道你的职业，你才给出模棱两可的回应，不然的话，越坦然越好。当别人问你的工作时，你刻意地用模糊作答来制造神秘第六感，会让人觉得你可能是不想太多人知道你的事情。若对方是成熟的人，他会尊重你的私隐。但接下来你开始问一些有点刻意的"访问式"问题，最后才再告诉对方其实你是提供保险服务的，这就是所谓的"前言不搭后语"，前后言行不一，导致对方会觉得你是很"虚伪"的。刻意地制造神秘感后，却又很有意识地揭开，就好像一个男人跟女人讲"你不要误会，我不是想追你"，然后，却送起礼物和花来，这前面的神秘感，到头来只会让她觉得你太虚伪，不可交！

与此相反，直截了当地建立一种"坦白式"的神秘第六感，更有可能起到正向的影响作用。比如说，当一个女人被问及她的年龄时，她会说："你不知道年龄是女人的秘密吗？"这就是坦白式的神秘感，很坦白地告诉对方：我不想对你坦白。

制造坦白式的神秘第六感虽然能够使人对你好奇，但一般人不能制造太多或过重的坦白式神秘感。我问你的工作，你就模棱两可；我问你有没有结婚，你又兜圈子；我问你住在哪里，你模糊带过，这会让人怀疑你的工作或背景是否是见不得光的那一种。制造过多的坦白式神秘第六感，不但会让人怀疑你的背景，甚至还会使跟你沟通的人开始对你心理设防。

新加坡某位心理学研究者曾记录了下文这个案例，文中综合分析了人的身体语言的心理暗示作用、神秘第六感的建立（不甚高明）以及对此"心理攻势"的分析和拆解，我们在此引用，供大家观摩：

我记得某次和一个朋友在咖啡厅叙旧，她介绍了另一个从香港过来的朋友给我认识。在闲聊过程中，我发现这个人的词汇有点反常。

这个新朋友在聊天的时候，会在特定的时候抛出一些很专业的名词和术语。例如，当谈起某家餐馆的菜肴时，这位香港朋友就说："我目前的进食比较少肉多菜，而且是尽量五种不同颜色的菜都要吸收……"然后他就讲了一个菜里面某种营养素的科学名词。我知道我个人的判断会主观，不过感觉上这个人好像是有一点刻意（因为我认识做医生的朋友都很少在社交时刻意"抛书包"——卖弄自己的专业知识），所以我大概已经猜到他的目的和工作。

过了不久，他果然又抛医学常识书包一次。在座的另一个朋友就赞了他一下："哇，你对这些东西很有研究哦。"他就说："哦，我对养生保健很有兴趣……"

在继续的闲聊中，当他问我从事什么行业时，我就告诉他我是做演讲和写书的。我知道在社交的时候,你有心地问对方的职业,他通常会问你的职业;你问她是否结了婚,她必然也会问你是否是单身。我想当时这位保健医生应该是很想让我也问他同样的问题,但我却全然无动于衷,刻意不问他的职业,继续和他谈其他话题。

不久,他又告诉我们人体的某种细胞功能,让我们上了一堂生理课。接着他说在咖啡厅的后座就是他们的公司,那里有一台仪器可以测量出该细胞功能的高低,测量一次只需 × 元。

他见我此刻故意把眼神闪到一旁,就知道我的兴趣不大,但他也很知趣地马上退而求其次,给自己好下台地说:"不测量也不要紧,就过去看看吧!只是看看也好啊!"

他还没说完身体就开始要站起来,我一看,心想他之前的招数都很烂,就只有最后这一招用得最好:他用了身体上的带动来引导我下意识地服从他的"命令"。在催眠学里面这叫作暗示性指令,例如,我若说:"你的气呼出来的时候,可以变得更放松。"我在讲着"呼出来"的那一部分时,我的手就可能慢慢地往下挥移。这种技巧的运用不只是局限于催眠。例如做领袖的人,不能够征求允许,一定要先假设对方是服从的;领袖不会问你要不要喝酒,而会说:"来!我们去喝酒。"同时如果你们以后去留意一下这些领袖,他叫你去喝酒的时候,他的身体就已经开始移动,他的手也可能会顺势地推你一把——这就是暗示性指令。

当我看到这位保健医生开始移动身体,欲站未起的时候,我就很快地笑着打断他说:"哈哈,是不是一定要看?如果非看不可,我就过去看看啰。"

我这一说,他就只好笑着说不一定。

然后我给他一个很牵强的理由,让他有下台阶的空间,我说:"我目前的人生方向是放纵自己、暴饮暴食、不注意健康又常熬夜。所以不想面对现实。"

于是这位保健医生就打了个哈哈，放弃了他的邀约。

其实，这个保健医生想做印象洗脑，在客人脑中建立神秘第六感，让客人对他形成一个营养保健专家的印象。但当他前言不搭后语，就好像剥洋葱般，慢慢一层一层揭开自己的真面目，给大家知道他的目的时，客人对他的戒心反而是越来越大，最后完全拒绝了他的邀约。但若完全没有神秘感的话，人家一眼就看穿你，或觉得自己已经知道你的一切，那也没什么大不了。

所以说，当我们试图在别人的印象中建立神秘第六感时，不能够在"动机"层面上制造，因为动机上的神秘感会让人觉得你虚伪，甚至阴险，就如大部分的保险推销员那样。

第二节
在矛盾中塑造的第六感

经典且卖座的电影《星球大战》塑造了很多个给人留下深刻印象的人物形象，要说哪个形象给人的印象最深，或许不同的人有不同的答案，但曾经有西方某媒体统计过在《星球大战》中最有魅力的人物排行榜，排第一名的竟是反面角色"黑武帝"。

为什么这个反面人物反而会比其他人物更出彩呢？这是因为在

小说或电影中，那些能够给我们带来强烈第六感的人物形象，都是有层次感的角色，而层次感中所带出的就是他的冲突和矛盾。不同层次刻画，再三重复暗示了我们的潜意识，矛盾和冲突则深化了我们的第六感。

在《星球大战》一开场的时候，我们看到"黑武帝"第一层次的角色：坏人的统领。但，他又跟上文我们说到的忍者一般，是一个有神奇力量的人——能够隔空掐住人，使人呼吸困难或心脏病暴发，这里已经有了第二层的神秘感。然后我们看到最后一个光明的"绝太武士"，从他的口中我们得知，原来"黑武帝"在很久以前是光明武士的徒弟，这是第三层次的神秘感。再后来"黑武帝"和正面主角"天行者"打斗，"天行者"的右手被"黑武帝"的死光剑砍断，左手捉住栏杆，快要跌入万丈深渊时，"黑武帝"才说：卢克，我就是你的爸爸。这里一下子就很成功地营造出第四层次的神秘感。

层层的神秘感，以及他最后所暴露的身份与之前身份的矛盾，给我们造成了极大的印象冲击，让我们自此形成了难以忘掉的印象。

同样的手法，在周星驰的电影《功夫》中也有体现：

在《功夫》一片中，配角"包租公"和"包租婆"的角色被塑造得淋漓尽致。很怕事的"包租公"和势利的"包租婆"原来都是武林高手，号称"神雕侠侣"。一直都很势利和避事的"包租婆"在她终于需要显露自己的武功时，我们见她口中叼着一支点燃的香烟，装扮就是一位泼辣大婶的模样，然后慢镜头拍摄出她发功前强吸一口气，我们就看到她口中的烟，瞬时由烟头燃烧到烟尾，然后我们见识到了她的"狮子吼"神功如何把两位武功深厚的杀手一举打得落花流水。

想象一下,若《功夫》这部电影在一开始的时候,"包租婆"就已经被形容为武功高手,然后我们等到她要显露"狮子吼"神功时,我们的惊喜定会比这样对比处理的效果弱很多。

我们的第六感为什么会对对比印象更加深刻?这和我们作为动物的生存意识有关。任何动物,包括人类都有躲避危险的本能。生存意识里当然包括追求安全。但,怎样叫作安全呢?安全的意思就是:我昨天在这个环境,到了今天还活着。而危险的意思就是:有威胁我生命的东西出现在我生存的环境里面。

所以,所有生物都有扫描环境的功能。当环境里出现了与之前的安全环境不对称的资讯,生物就开始留意它是否具威胁性。我们的头脑,在千千万万年的进化过程中,已经在我们的基因里面写下了这个生存方程式——留意对比。

所以,我们要想在别人的头脑中塑造一个自己想要的第六感印象,那么所采取的最好方法就是对比。

有一位以前不很知名的艺人,一次被邀请为某媒体主办的艺人才艺比赛节目做表演嘉宾。他觉得是个宣传自己的好机会。

轮到他上台时,他就拿着吉他走到台中央半靠半坐在高椅上,很沧桑地看着地上,大约过了十秒钟后,他轻慢地在吉他上弹了几个音符。忽然,他快速地拨弹吉他,并唱道:"我有一只小毛驴,我从来也不骑,偶尔一天我心血来潮,骑它去赶集……"

全场观众听他唱起大家都耳熟能详的儿歌,注意力都被他吸引了过来。他唱得很有童韵，调动起了大家的情绪，搞得全场男女老幼观众跟他一齐拍手合唱。在大家都展露出童心未泯的一面时，他停下来跟观众说刚刚只是热身，接下来他要跟大家分享一首关于爱情的歌……

例中艺人，用了对比的方式塑造了自己的鲜明印象，一下子就驻进了人们的意识中，形成了难以磨灭的第六感印象。具体分析来看，第一重对比就是他用一个整三十岁的大男人形象，上台时又作沧桑之状，但一开口唱时却变成了一个"可爱"的男人。他的第二重对比就是儿歌和情歌：当他开始静下来弹唱情歌时，现场的每一位观众都凝神静气地听他唱。他一唱完台下就起了一片欢呼赞颂的掌声。他借此机会宣传自己的目的取得了很好的效果。

第三节
印象洗脑法

根据一项科学统计，大约有 90% 的人都认为自己比平常的人更聪明。各位读者可以坦白地问问自己，有没有觉得自己比平常人聪明一点？若你觉得自己比人家聪明的话，很大可能就是你错了！

事实上，只有 5% 的人是非常聪明的，与此相对，另有 5% 是非常笨的，而中间大部分的人都是很普通、很平常的，也就是说让我们随便点一个人，他有 5% 的机会是非常聪明的，有 5% 的机会是非常愚蠢的，却有 90% 的机会是普普通通的。所以，若大部分人都认为自己比平常人更聪明的话，只有一个可能性：大部分人都对自己的智力有过度的信心。

人们对自己的聪明感到自豪，这是一种自我加分的第六感，其本身无可厚非，而且是有一定好处的。我们要在别人脑海中建立良好的第六感印象，也可以借用这个人性特点，让他聪明反被聪明"误"。

当你要对别人做印象洗脑，在别人脑中建立第六感印象的时候，不能够流于平面，须做出层次感，让对方觉得是他自己"发现"到你的优点，从而形成对你的好印象。

请注意，对方不一定要真的发现，只要他觉得发现到就可以了。人们因为大都对自己的聪明信心过度，当我们觉得自己用了一些脑力发现到一些事情时，就会冲昏了头脑，认为是自己的聪明发现的真相，从而不加质疑，深信不疑。

那么我们要怎样去利用人们的这一个弱点来建立他对你的印象呢？

若只是单纯地去展现自己的优点，会让你的个性单面化、乏味，没有惊喜。太过平面的意思就是说，就算我认识你很久了，看到你的另一层面时，发现这一层面的资讯和你的表层形象是相呼应的。我会觉得：哦！你这个人我完全明白了！你就是如此简单而已。

例如，当你看到一个贵妇人，她外表美艳，端庄矜持（这是她的一个层面）。后来你和她认识了，某一次她非常开心地邀请你：我们去 ×× 大厦买衣服吧，那里新款的夏衣非常漂亮，一件真丝裙衫才 3000 多块。这时你会觉得，你是贵妇人，果然就是这样，喜欢奢侈品。随之，因为没有神秘感，你会对她失去兴趣，心想，我又不像你这么有钱。

但如果是这样：同样是这个贵妇人，你在认识她后，某次她碰见你在遛狗，就表现出一副不愿接近的样子来。你笑着问她：怎么，你不喜欢小动物啊？她回答说：不是，我发过誓，决不再养小动物。你好奇心被勾起来了，接着问：为什么啊？你以前养过？她黯然沉默了一会儿说：别问了，我不想提起。这时你会怎么想？

再有一次，你和她在一起时发现她的胳膊上贴了条创可贴，问她怎么受的伤，她轻描淡写地一语带过：没什么，上次和教练对打不小心擦破点皮。

这下你该发挥你的聪明去想了：这女人真是不简单，她肯定也喜欢小动物，一定是养过一只，后来死了或丢了，伤心欲绝，就发誓再也不养了。而且她看起来那么端庄美艳，竟然还会去练拳击？或是什么别的会有对打练习的项目，嚯！真是不简单。

这样一来，贵妇的形象彻底在你的脑海中扎根了，而且绝对是深不可测，让人叹服的印象。

当一个人行为与其表面身份冲突时，旁观者会判断该行为才是真面目，就会据其行为建立起第六感印象。试想，一个经常上电视的慈善家，某次忽然爆出当街踢开一个乞讨者的新闻，你会对他产生怎样的第六感印象？

这种借别人之聪明，巧种印象种子的事例，在古代也很常见。

刘邦在得到江山做上皇帝后，就好像其他皇帝般，秘密计划要杀掉他的策士萧何。萧何因有远见，在刘邦还未出手前，就上演了一套戏：抢夺人家的财产和土地。

当刘邦得知这个消息后，在大家见面时，他只是笑着拍了拍萧何的肩膀，然后就走了。萧何也松了一口气，他知道刘邦已经放过他了。原因很简单，刘邦做了皇帝后，他自己亲眼见识过策士萧何的厉害之处，所以最怕的是自己的策士也想做皇帝。若他见到有功的策士又不要财又不贪色，他就会怀疑这个人是否也想密谋做皇帝。

在平常人中，若你平时给人的感觉就是一个聪明之人，哪一天你给人家看到你愚蠢的一面，这个层次感不会让别人觉得你有神秘感，而是让他们觉得他们看透了你，他们反而会很武断地认为你其实是笨的。

普通人想假扮愚蠢的话，通常会选择一些言行举止来突显自己很笨，如讲错话或假装不明白一些事情。如此做法，可能有大部分的人会认为你是笨的，但真正的高手想假装愚蠢的话，反而是要对手装聪明，就如例中萧何一样。在一些关键时刻，高手会让对方觉得是他用了自己的聪明看穿了别人，并心想：噢！原来你萧何不过是个贪财之人，毫无大志，看来我这帝位不用担心你来抢了。为什么我们要让人判断我们笨呢？其实，我们并不是要装笨，而是装没有威胁力。若你知道你的对手有绝对可以铲除你的能力，而且他也很介意你有能力，你就要装笨。

但大部分的时候，你是不需要装笨的，你也不需大智若愚，因为太浪费时间了。正确的做法是照旧给人看到你的实力，但却用另一个工作态度来包装自己。

在某家公司中有两个工程师小李和小王，他们是具备相同实力的电脑软件程序编写员，但他们的工作方式有点不同。小李是"认真派"，做事百分百认真，一定提前做好准备，工作也井井有条，而且还常早到迟退，十足的最佳员工奖得主模样。而小王则是"狡猾派"，他工作的量和质当然也让老板可以接受，但肯定不会百分百满意，有时候会犯些"小儿科"的错，工作的时候喜欢跟同事们说笑，有时候还扮小丑，还常跟女同事贫嘴调笑，整个一副玩世不恭、吊儿郎当的样子。

乍看之下应该是小李更受青睐，若有升职机会，一定是小李而非小王。但是小王偏偏懂得一些"印象洗脑术"，他只要借助那么几次印象洗脑，就可以扭转局面。

在公司里的运作中，一定会在某些时候遇上预想不到的问题或障碍，而这时就是小王一反常态，表现他的"真实面目"的时候了。当发生这类事情的关键时刻，小王就会趁机彻底改变大家对他的印象，忽然间他就如变身成另外一个人般，处事极度认真，专注到废寝忘食的程度。甚至若公司遇到非常紧急的问题时，他还会待在公司，不回家，不眠不休地连续工作四十八小时。

这种"突变式"的认真，小王只需做上那么两三次，就给大家播下了"非同寻常"的第六感印象，其深刻程度，绝不低于小李。当有升职机会来临时，领导会怎么想？

所以说，你若想让对方感受到你的内在实力，那么平时你的外在就不能表现得太过完美，然后策略性地让对方有机会发现你的才华或才能。你要让人家认定你的内心是善良宽容的话，就得想办法用相反的一面来充作严苛的外层，然后策略性地给对方表现出你内心的善良与宽容。这外严内善的包装，也是古代将军用来使部属为他卖命的"印象洗脑法"。

古时候有一个很会训练人的将军,他训练人的时候是非常严厉的。当属下犯错时,他会毫不留情地进行惩罚,令部队的每一个人都很怕他,但这只不过是他印象洗脑的铺垫。

有一次,有一位士兵受伤了,这位将军看到后立刻亲自蹲下来处理那位士兵的伤口。借助这一个"外刚内柔"的印象洗脑,将军处理士兵伤口的故事就不断地被宣扬出去。旁人受到了这个对比印象的影响,就对这个将军产生了非常不一样的第六感印象,他们在心中认定将军其实是很慈悲、很爱护下属的,他外在的严厉其实只是他的责任,而且他如此残酷地对待下属其实也是为了他们好。

这位将军抓住了士兵受伤的机会,然后将自己的严父般的形象一转而成慈母般的形象。

不只是将军会运用这种"印象洗脑",就算所谓"不该爱"的坏男人也会无意中用上这种外刚内柔的方法来对付他的情人。生活中,我们常见有些女士爱上了很坏的男人,你若问她:他那么差,你怎么还跟他在一起?她可能会这样回答:你别看他表面对我如此,实际上有一些时候,他真的对我很好的。

这里的关键就是"有一些时候"。男人有一些时候对女人的好,让女人认定了这个男人打心底里是对她好的;而平时对她的那些不好,则可能被她解释为"自己的不好"。所以说,"印象洗脑"的用途真是非常广泛。

第四节
制造层次感，建立深刻第六感印象

在别人的脑中制造你的第六感印象时，切不可过分单一，而要适当将自己的形象进行自我分裂。基本上就是说你要策略性地表现出自己的"双重性格"。

如果你的形象看起来比较乖，要策略性地展露出一点坏或狂野的性格；你看起来有点坏，就展露一点点的乖；外在看起来狂野，就加入一点灵性上的气质；看起来朴实的，就策略性地泄露出一点点的智谋；外表看起来很安详和平，得加入一点点的危险或残酷；你样貌看起来很沧桑的话，就策略性地展示出一点顽童之心。

你的层次感会使人觉得没办法在短期内完全看透你，这样，就算你的异性伴侣或朋友不和你在一起时，他也会想起你这个看不透的"神秘"人物。

对一个人吸引力的考量，不是只在见面时被吸引，而是这个人不在你身边时，你还会不会思念他。如果见面时会被吸引，不在身边时你就忘了他，那他只是在见面时使你能够愉悦，而离开时却没能留下值得揣摩的第六感。

在用性格分裂的对比来塑造第六感印象时，"内在相反"的那一部分，要像调味料一样，分量要用得恰当，用得过重就盖住菜味喧宾夺主了，对方吃到的只是调味料的味道，而吃不到菜肴原有的味道。若你"内在相反"的性格分量过重的话,别人会觉得你要不是精神分裂,要不就是就是严重的虚伪做作。

但是在"身份"上的层次感就可以极端些,分量也可以重些。我们这里所讲的身份并非"我除了是职业教师外,也是一位丈夫、爸爸、兄长、朋友"之类的身份。这里的身份定义对应着的是你的专长,你要把自己定位成自己专长领域里的专家后,你身份上的特色才会浮现。

假如你要定位成专家的话,最起码要往三个方向定位:即你本有的事业,你喜欢的娱乐,你特别的兴趣。

为什么你需要成为这三个领域的专家呢?

事业上的专家定位会让人很明确地知道你可以提供什么样的经济利益予人,你的专业价值又是什么;娱乐的意思就是吃喝玩乐,你需要透过一种聊天的方式来介绍你的享受,让人觉得你的享受是有品位的;兴趣可以是古董、哲学、文学、瑜伽、艺术、摄影等,你所制造的印象就是:你是一个有深度、有修养的人。

事业上的专家定位让人明白你的价值,娱乐上的专家定位让人觉得你有品位,兴趣上的专家定位让人觉得你有深度。这三种不同的印象,可以帮助你吸引到不同的朋友,同时也可以制造层次感,在别人脑中留下深刻的第六感印象。

在事业上,若你是室内设计、保险或广告行销上的专家,当有人想到室内设计、保险或广告行销时,他们第一时间就会想到你。你的专业价值印象会很明显地帮你吸引到客户,这道理很容易明白。但为什么在别人的脑中还要给自己建立有品位和深度的第六感印象?

请注意,只会跟人讲哪家餐厅有好吃的东西是不足以建立你有品位的印象的,你要讲得出吃的学问,描述出好吃的意境才行。品位就是享受的学问,品位上的第六感印象塑造会帮你吸引到朋友。

读者们还要记得,虽然品位是一种享受的学问,但是不一定要花很多钱才叫作享受,就算你喜欢吃夜市小食,也可以从中制造品位。

你不能够只是跟人说你喜欢吃哪里的臭豆腐,这是不足以制造印象的。除了介绍哪里的臭豆腐出名,你还要讲得出臭豆腐要怎样吃,有多少种臭味,每种臭味的特色是什么。初吃者,你会建议他吃哪种臭豆腐,爱吃臭豆腐的人又会吃哪一种,酱料的配搭等。

再说兴趣。兴趣与个人事业的对比越极端,就越让人想更深入地了解你。这种极端的组合会让人有谜一般高深莫测的感觉,给人的第六感印象也就越难忘。那么如果你的职业是会计师,你需不需要刻意地去学爵士音乐呢?

我们不想要求每一个人都要具有能够与他的外在形象产生极端的矛盾对比的兴趣,我们这里只是要你接受一个事实:很多人的兴趣都是不特别、没创意、不会让人有任何印象的。就好比一个歌星在自己的个人资料里注明了自己的爱好就是跟朋友一起去唱唱歌,这毫不新奇,你就是这个唱歌的人,你自然就该有唱歌的兴趣。但是,这只能给人留下一个很平常的印象,若不是该歌星能拿出许多脍炙人口的作品来,甚至会很快被人忘记。

所以,利用一下对比的魔力,让自己"分裂"一下吧!这种极端包装是绝对值得的,所以我们鼓励大家刻意地去培养起码一门与你外在形象相反的兴趣,因为学习基本上就是一件好事,就算学得不好也不要紧。我不赞同你完全没有学过,又没有相关资讯,就欺骗式地说你是爵士音乐家,这个谎言很难维持太久。

下面我们摘录一个大一新生的日志，在这里面她描述了她大学计算机工程系张教授给她留下的深刻印象——这就是一个层层剥开、层层对比的新颖的人物形象，张教授给她留下的第六感印象之深刻，足以达到"终生难忘"的程度。

大学计算机工程系的张教授平日授课时，除了普通话发音准，对词汇和数字运用的精确度要求也甚为严格。有一天，这位面无表情、不苟言笑的教授竟出席了新生们的KTV欢乐会。平日用一字都要再三思考的他，却高唱了一首周杰伦咬字不清的名曲，还模仿得惟妙惟肖。我们所有的同学都没想到张教授竟然会喜欢周杰伦的歌！

后来张教授与我们女生闲聊时，还提起了最近流行的瑜伽班，教授说："喂，你们知道怎样区分正统和非正统瑜伽师吗？现在市面上的瑜伽中心都只是会教你做动作，不过正统的瑜伽师会跟你讲最重要的是怎样去维持该动作。一个瑜伽动作没保持上三分钟的话，你根本是不能得到瑜伽的好处的。所以，以前我做瑜伽时，很多动作我很快就做到，觉得也没什么大不了。后来遇到一个正统的瑜伽师，他跟我讲如何去坚持，那时候我才开始见识到瑜伽的真正好处。"听完他的这番述说，我们几乎所有的女生都被他"征服"了！

请注意张教授以上的三个层次：计算机工程教授、喜欢周杰伦的歌、瑜伽修炼者。教授这是他事业上的专家印象，所以他也有一般学者的印象：拘束、呆板、无趣；后来，张教授就借周杰伦的一首歌打破了他以前在他人脑海中根深蒂固的第六感印象——这就是惊喜！而且这个惊喜除了制造品位的第六感印象，也让学员们看到他内心的另外一个相反的性格，所以"性格"上的层次感就完成了。

然后他又讲其实很多人在瑜伽认识上的错误，表现出自己对瑜伽的内行。他一方面是位很科学、很讲究数据的计算机专家，另一方面他的兴趣是修炼瑜伽追求心灵上的天人合一，看起来很矛盾。但这恰恰在别人那里把自己塑造出了一个鲜明的、多层次的第六感印象，他的学生为他所"征服"也就不足为怪了。

第五节
1个优点和10个优点

一个人要给别人留下深刻的第六感印象，最好是让别人不断通过与你对谈而从中发掘出你的一些被隐藏的，还未表现出来的能力、品位。你要在有意无意间适当地表露出来。

现在问题来了，就算你的性格和身份都有内外的对比，你也知道了你层次感的铺排，但你要怎样在很短的时间内让别人看到你这个人的层次感并留下最深最好的第六感印象呢？

我们假设一个推销员需要推销他的产品，对于产品的优点，可以概括出十个来。那么这时在他拜访客户时，你觉得他是将这十大优点全部都告诉顾客好呢，还是仅透露一个或几个？

相信大部分的人会说："当然要全部告诉好了！"

很多销售员在拜访客户展示产品时，就像万里长江的流水滔滔不绝，把产品的优点全部说出来。他们的理论很简单，也很理性：人是贪心的，优点越多，价值就看起来越高。

这个方法在理论上是对的，但事实上却不是这么简单。

宝马曾经在德国做过一个试验，心理学家首先派第一组研究人员将宝马的十大优点向一百个人解说；第二组的研究人员则只是将一个优点告诉同样的一百个人。结果所得到的答案和理性的分析大相径庭。

这一百个人对只说一个优点的研究人员印象比较深刻，也比较容易记得销售重点，甚至会比较喜欢，还产生了购买的冲动。

由此可见，理论上我们认为宣传越多优点越好，感性上的反应却不同，甚至恰恰相反。而第六感，毫无疑问是建立在感性的基础上的。

理论上我们知道越多的资讯，应该就会越容易做出好的决定，实际上这个研究结果也和目前电视节目的制作模式有关。

以前的电视节目，所采用的镜头视角会比较少，现在一些低制作节目或影片，若资金不足的话，所用的摄影机数量也会很少。一些所谓的"烂节目"会很闷，是因为它只用一个镜头来捕捉很长的情节。

今天的电视制作，是采用很多个镜头来捕捉一个情节。有人统计过现在的电视节目中，平均是每三秒到六秒就会换一个镜头。镜头中的情景若过了六秒还不换的话，观众们就会开始觉得闷了。

另一个相关的统计就是报刊广告的效应。科学家们发现一个人翻阅一份报纸时，广告商只有六秒的时间去捕捉读者的注意力。也就是说读者会给你六秒钟的时间，若你捕捉不到他的注意力，他的视线就会游走他方。

同样的道理，在法庭之上，如果辩护律师提出十个很强的论证点，最后法官可能连一个也没办法记得。所以，如果你想打动人心的话，即使你有十大优点，你也只是重点式地说一两个优点就足够了，因为听众的注意力和记忆力始终是有限的。

第六节
策略性地用"瑕疵"凸显你的优点

我们知道在面试的时候，面试官只是给我们短短几十分钟的时间来表现自己，通常只有在初步获得面试官的认可后，才有进一步表现自己的可能。怎样在开始的短短几十分钟里给面试官留下良好的第六感印象就成了关键。

根据上文我们的分析，在面试的时候，不需要列出自己的十大优点或更多，你只需要重拳打出一两个很强的优点，面试官反而会牢牢地记着你，并产生良好的第六感印象。

但除了为自己的优点打广告以外，你还会面对一个两难的问题，那就是面试时要不要讲自己的缺点？

有一个广告界的企业家曾经分享过他面试他人的经验，他说当他叫对方讲自己优点的时候，通常稍微有工作经验的人都可以面不改色地讲出十多个，但叫对方讲自己的缺点时，通常讲的不超过三个。

这不难明白，就如某职业训练机构的人所讲的：出来求职就要讲些考官喜欢听的话！缺点讲多了对自己会有什么好处？

但是当别人叫你讲一讲自己，难道你只是讲优点吗？这样岂不会有点自吹自擂，王婆卖瓜，自卖自夸？若你讲多了缺点的话，对方因此而看不起或讨厌你，怎么办？你总不可能老老实实地跟面试官说："我的缺点就是上班时喜欢偷懒"吧？但若是优点和缺点掺杂在一起讲，有加分的，又有减分的，最后会不会不上不下呢？面试时真的要讲人家喜欢听的话吗？这是一个两难的选择，讲也不是，不讲也不是。

但是可以肯定的一点是，不能让自己看上去太过完美，最完美的，最终往往是落榜的。有位选美比赛的嘉宾，曾描述过自己的"参评"心得，她经过无数场选美比赛的细致观察，最终发现，得冠军的永远不是她预测的，而对第二名，她却能十拿九稳地猜中是谁——那就是表现最完美的那位，即又美丽，又聪明又心地善良，讲话又最圆滑的那一位。

这些完美的选美小姐，能够把介绍自己的对白，一字不漏地背出来。她们会说："我是来自××的，我非常热爱我的家乡，父母对我来说是最重要的，我的性格和我的一切都是家人所培养的，他们就像是我生命中的空气，没有了他们就没有我……"

讲的尽是超完美的句子，尽量地把自己说得像一个又爱家乡又爱自己又爱家人又爱人类的人，但是她最后还是只得个亚军。

为什么？因为当你把自己包装得如此完美，没有一点儿瑕疵时，做裁判的就会对这个人的印象有所保留了。裁判会觉得这人特别假，虽然指不出哪里假，但总之绝对可以肯定不都是真的。所以在最后的得分上，绝不是最高的。

试想，假若节目主持人或裁判就像面试官一样来面试这些选美小姐，问她们：你觉得你的缺点是什么？她们该怎么回答？

与这些选美选手一样，一个去应聘的人，就是要去比美。每个人都希望给人良好的印象，尤其是第一次见面的第六感印象更为重要！所以为了维护自己的形象，为了隐"缺"扬"优"，很多人企图将自己的缺点掩饰，再不然就是讲些应酬式的缺点。

曾有一个人力资源经理，在说起自己面试别人的经历时，说自己最不喜欢的一种回答就是应酬式的回答，他举例子说有次他问一位女士："你觉得你最大的缺点是什么？"这位女士很认真地说："哦，我最大的缺点就是太单纯了！所以很容易相信人，容易被人欺负。"

其实她并不是在讲缺点，而是想间接讲自己的优点——她想告诉面试官她人品好，而且没东西隐瞒。但这种人，在经验老到的面试官那里，是不会因此获得加分的。

还有一种以缺点为骄傲的做法，也不是很可取。举例来说，有些人会很认真地跟人说："我有吹毛求疵凡事追求完美的缺点，我做起事来要求一定要完美，所以我会因此常常很痛苦！"这就是引以为傲的缺点。而男人类似"以缺点为傲"的表现常有："我这个人很注重事业，有时候会没时间跟家人在一起。"

在职场上或公司管理层中，若有人坦然又轻描淡写地跟你讲他的缺点，你千万要小心。这是一招管人法则，通常都是上司在休闲的时候跟下属讲自己的缺点，他们所讲的缺点都离不开描述自己的脾气不好、不能忍受愚蠢的人、会乱骂人等。他们的目的是要先铺排，以期望将来可以放纵自己的缺点来批评下属。但这是无法规避的一点，在职场上，做下属的被上司批评是正常的状况。

大多数的人认为在职场面试时，只要将自己最美好的一面展现出来，人家就会对你产生好的第六感印象，继而尊敬你、接受你。

事实是如此吗？

完全不讲自己缺点的话，可能人家更会怀疑你。那么要怎样讲才能达到留下好印象的效果呢？

在这一点上，我们认为切不可讲得太明确，即不要说我的优点是×××，我的缺点是×××，而是要把优缺点融入某种行为中，然后讲出你会做的这种行为。比如说，当你在面试时遇到这类问题，可以参考我们所做的这一块模板（本模板仅供参考）：

我大学毕业刚参加工作时，发现一个很重要的事实，原来学校所教的理论若百分百跟着做的话是完全行不通的。在学校里学的可能很有道理，但到了现实的工作上，很多理论是行不通的。由那时候开始，我意识到如果我要在职场上生存的话，"效果"才是最重要的。所以，一直以来，我的工作态度都很注重效果，若我们的团队决定了一个效果是我们要达到的，我就会好像斗牛犬般咬着它不放，直到我们达成目标为止。所以一些时候，我在人际关系上会有些问题，可能会不太顾及人情，特别是在完成期限的工作时，可能会得罪一些同事……

注意一下，这整段话里面没有用到"优点"和"缺点"这四个字。若你用"我的优点是注重效果，我的缺点是不顾人情"时，这样就显得自己像是被审讯后交代一样了。

当你说"我大学毕业刚参加工作时，发现到一个很重要的事实，原来学校所教的理论若百分百跟着做的话是完全行不通的"时，这里就能够制造一点第六感印象：你是会自己思考，不死循条条框框的人。单从这句话，你的面试官就会认同你，因为你所讲的是事实。

当你说:"由那时候开始,我意识到如果我要在职场上生存的话,'效果'才是最重要的。所以,一直以来,我的工作态度都很注重效果,若我们的团队决定了一个效果是我们要达到的,我就会好像斗牛犬般咬着它不放,直到我们达成目标为止。"此处,你基本上间接告诉他,你是打破了理论的条条框框后又建立了自己的办事原则的社会成熟人,即间接地向他表达了你一个很重要的优点——重视效果。

这是非常重要的,这是你重点带出的一个优点,而在讲这个优点之前,你所讲的"学校理论行不通",是让听众的头脑准备好接受你即将要带出的优点——重视效果。这就是用来凸显你的优点,建立良好第六感印象的方式。概括总结一下就是:只推出一个优点,且在推出一个优点之前,先推出相反的背景。

接下来,你就开始讲所谓"为达效果而不太顾人情"的缺点了。记得你要坦然微笑地讲缺点,但不需要把太多的细节加诸你的缺点上。也不用怕讲了这个缺点后,对方就可能扣你的印象分,因为你将从另外一个角度获得加分——那就是诚实。

在用人者眼中,当一个人为了得到工作而把自己讲得尽量完美,又重效果,同事间的人际关系又很好,他是不会马上相信的。

另一个情况是:你虽然想得到这份工作,但你却很坦然地讲一个缺点出来。因为正常人大多数不讲和自己利益有冲突的话,更不会讲些会伤害到自己受聘机会的话,所以用人者只可以下一个判断——你这个人诚实。就是说你坦然讲出自己的缺点,会立马获得一个诚实的第六感印象。

为什么对方会有这一个很机械式的人性反应呢?

请比较以下三个人:一,把自己的优点坦然告诉你的人;二,坦然告诉你他没有优点;三,坦然告诉你他的缺点。

你觉得这三个人中，谁最诚实？显然是第三个吧！

这三个人都是很诚实地告诉你他对自己的看法。但是，对于第一个人你可能觉得他有自信，对第二个人你可能觉得他自卑。只有第三个人，你会判断他是最诚实的。

大部分的人都喜欢接受能坦然承认缺点的人，因为：一，每个人都尽力不让人知道自己的缺点，当你在他的面前承认自己的缺点时，你会让他觉得松了一口气，他会想"呵！原来不只是我有缺点"。基本上，你的承认提醒了他可以做回自己。二，人喜欢能够"可怜"他人的感觉，因为这感觉告诉他，自己比别人好，他同时也隐隐约约觉得应该给你机会。就是说，承认缺点会先使对方觉得大家都同在一条船上，然后再让对方觉得应该帮你。

这就是用策略性的瑕疵凸显优点的真实性，直接给对方一个可信的第六感印象，因为每个人都知道人是不可能完美的，所以，当我们遇到一个人尝试展现他完美的一面时，我们反而会更怀疑，会更小心地去找出他的缺点。当我们发现了对方的一个小小缺点时，我们就会把它放大。如果是花了很大的精力都找不出对方的缺点的话，我们唯有下一个判断：对方掩饰得实在太好了。

所以在试图表现优点以建立良好第六感印象时，要连缺点也一齐推出，这样对方就会很机械式地判断你这个人应该是在讲真话，很可信。

———第八章———

女性在婚恋中的第六感

女人就这样一直被认为拥有超自然的能力,
包括预言结果、揭露谎言、与动物交流和发现真相等。
女人的这种过人的慧眼及敏锐的第六感,
令男人不禁惊叹惶恐。
但女人为什么具有如此强烈的灵感呢?

第一节
女人的直觉

在这里我们先讲一个有关女人第六感的故事：

在德国，有位妇女凭她的直觉，找回了5年前被火"烧死"的女儿，她的女儿当时仅有1个月大。当她有一次参加一个朋友的派对时，一眼看到他们的女儿就怔住了，那似曾相识的眼神，那莫可名状的心理感觉，就跟她几次梦中出现的女儿一个模样。为了证明眼前的小女孩就是5年前被火"烧死"的女儿，她佯称小女孩头发上沾了口香糖，借为小女孩整理头发之机获取了女孩的5根头发。DNA（脱氧核糖核酸）测试证明，这小女孩果真是她的女儿。原来5年前的那场火灾是某人贩子团伙所为，而她的朋友则因病不能生育，就暗地里从人贩子那里买来了这个婴孩做养女。而警察在当时的火灾现场得出的结论是电线短路造成失火，小女孩已被烧成了灰烬。但是这位母亲阴差阳错地碰到了自己的女儿，而且凭着第六感，认出了自己的女儿。由此可见，女性的第六感是多么的神奇。

如果让女人和男人来一比高下的话，或许女性的第六感是少有的一项可以让男人俯首认输的特质。

女人的第六感好，并不都是用来在特殊情境下发生作用的（就像上文例中那样），多数情况下，是被用来发现他人的作为。不知有多少的男士曾有这样的遭遇：在偷偷去喝酒玩乐回来时，小心地扔掉酒吧的火柴盒、收据等物件，然后一本正经地在老婆面前说道：唉，加班加到现在，实在令人吃不消啊！这时老婆却眉毛一挑：少给我装了，当我是白痴吗？你做的那点事儿，十万公里外我用鼻子嗅都嗅到了！

对于这种洞悉一切的第六感，真让老实的、不老实的男人们，都后背发麻、心里大叫：我算是服了。

为何对于这种洞悉一切的第六感，让世上的男人都伸伸舌头，表示"服"了？为何男人的第六感会比女人弱呢？其原因之一是，男性以理论的思考力取胜，欲把握一件事情的真相或者实态时，男人会一步一步地登上理论的阶梯。换句话说，他们喜欢采取以道理断事的方式。所以，一旦阶梯在中途折断，他们就不能再向前推进了。"好复杂哦！令人费解！"一旦男人提出这个结论，那就表示——再也不追究下去了。女性却不如此，她们几乎从来不重视理论，只重视在那一瞬间，在自己脑海里闪动的灵机，在自己的心里感受到的第六感。

有一位小姐跟公司里的同事，已经快要"升格"为情侣。本来打算跟她去看电影的他，下班时突然对她说："真对不起，这个星期天我不能陪你去看电影了。学生时代的好友要来……所以……"在那一瞬间，她的内心就浮现了一个念头："这话有一点儿蹊跷……莫非他要跟人家相亲？"下星期一早上在公司照面时，他的头发有到理发厅"修整"的痕迹。"嗯……果然没错！"她确信自己的第六感没有错误，以致他虽然笑容可掬地对她说"早安"，但她却连微笑也收起来了。后来这位男士，落了个"鸡飞蛋打两相误"的下场。这就是低估女人第六感的下场啊。

对于女人敏锐的第六感持肯定的评价，这是很多男人所认同的。有些女人乖乖地依附着男人，你可别认为她什么都不懂，什么也不知道，一旦她需要，她会把男人的那点小秘密、那点小把戏抖搂个一清二楚。男人往往惊讶于没人告诉女人，而她根本也没看见，她是怎么知道的呢？女人不屑地回答："是猜到的。"这，男人是做不到的；女人能做到，因为她们是凭第六感猜的。

女人就这样一直被认为拥有超自然的能力，包括预言结果、揭露谎言、与动物交流和发现真相等。女人的这种过人的慧眼及敏锐的第六感，令男人不禁惊叹惶恐。但女人为什么具有如此强烈的灵感呢？

其一，因为女人拥有远比男人精细灵敏的感觉能力。例如，女人能清楚地觉察别的女人的内心痛苦和情感受到伤害的程度，而男人必须看到女人流泪，或者疯狂地哭喊才会意识到发生了什么。再如，多数母亲都能分辨出宝宝们从饥饿、疼痛到喘息、疲倦等一系列表情，而父亲们对他们的宝宝的各种表情基本上都不能理解，仅有不到 10 % 的父亲能分辨出两种以上的表情，这还是包含了猜测的不确定成分。可见，男人的感觉能力远逊于女人。

其二，因为女人的大脑天生是多向性的，她可以同时做几件互不相关的事也不会出错，而男人则不能。男人们大多每次只能做一件事，你如果让他看着电视打电话，会令他无所适从，而女人却会觉得很爽。男人们的这种专注力，使得他在掌握某事的实质和探寻它的真相时，需要一层层地去推理，若是中途失败，更会感到气馁，这就是为什么男人会表现得没有耐性和心不细的缘故。而女人则可以一心多用，看着电视，手里织着毛衣，下巴再夹部电话聊着。遇到棘手事，女人根本就不需要经过烦琐的推理的过程，也不屑于这类大智慧的运用，她们那点"小智慧"就足以够用，她们运用的是她们的直觉，她们重视的是瞬间浮现在脑海里的印象。她们是从捕捉身体语言、口头信号、音调及其他感觉刺激的微小信息来探求事物的真相和实质的。

其三，是女人近距离视野的开阔和女人生活空间狭窄矛盾着的缘故。科学实验表明，女性不仅在视网膜上有更多的视锥细胞，她们还有比男人更宽阔的视野。性别研究者报道，女人看男人身体的次数与男人看女人身体的次数几乎一样多，但几乎每个男人都曾因盯着异性看而被责骂过，而女人凭借其优越的视野，很少因"偷看"男人而被发现。有着如此优越视野的女性，其活动范围极易被限定，这有家庭的呵护定势，也有自身胆小的原因，她们每天的生活情形单调，内容单一，不像男性那样应接不暇，社交多样。因此女人能将注意力集中于一事，同时也能把一件事与其他现象之间的关联探查个一清二楚。这就可以解释男人为什么最怕在屋里找东西，他们往往不断上下左右摇头晃脑，仍寻不着需要的东西，而女人只需走上前来，从男人的眼皮底下将东西摆在男人的面前。

综上所述，男人跟女人撒谎是很困难的事情，但女人若跟男人撒谎却易如反掌，女人能掌控男人的"灵魂"，看透男人的骨髓，因为她们的第六感是男人所无法企及的。这里需要给女性的一点忠告是：对于女人来说，好的第六感该用来为爱情保鲜，而不该把爱情当成自己第六感的实验对象。

第二节
潜意识中的理想异性原型

相信每个人都希望自己能散发出强大的吸引力，让自己成为异性的磁铁。为什么有的人在异性面前出现，总能给人以吸引的第六感，而有些人却恰恰相反，不得其门路？其实在我们的潜意识中，都有一个关于理想异性的原型。现实中的异性形象越接近这个原型，就越能获得我们好的印象。

在人的潜意识中的异性原型，是以什么样的符号存在的呢？瑞士心理学家荣格认为，在人的潜意识中存在着既定却有点模糊的异性原型，也就是你会无意识爱上的人。听起来这像具有随机性，但它的条理性在于：每个男人都会按照潜意识事先设定的"动心因素"去关注女性，每个女人也会遵照自己的内心对于完美男人的图像设计去寻找男性。

荣格在集体无意识中发现两种原型"阿尼玛（Anima）"与"阿尼姆斯（Animus）"。荣格发现男人虽然大部分是由男性特征所支配，但是内心却暗藏着女性温柔、感性与品位的特性，像是一位内在的女子。尤其是梦境、幻觉与投射到外界的形象，实际上都是以一个女人作为象征，来表现男性中的这一层面。

荣格还在母亲与别的女人身上发现了两个人格，第一个是日常的女性人格，而第二个人格则显得有些神秘，但却非常真实，类似于她无意识中的男性,具有男性行为方式与特征,如无情、理性、强悍的个性,与惯常的母性风格完全不同。

荣格视此两种为集体无意识的原型,称男人的女性面为阿尼玛(Anima,即拉丁文的"灵魂");而称女人的男性面为阿尼姆斯(Animus,即"男性之魂")。荣格将此两种称作"异性原型",以代表在个人心中异性形象特征是如何以认识和行为的方式运作的。

荣格指出阿尼玛与阿尼姆斯两者也可称为"灵魂意象",是指人的异性的内在原型意象,在男人是阿尼玛,在女人则是阿尼姆斯。它出现在梦境和幻想中,而且可以投射到异性个体的身上,这就是我们通常所经验到的"恋爱感觉"。

男性的阿尼玛和女性的阿尼姆斯虽然在细处上是千差万别的,但它们就像是宇宙中的星盘,是具有一定规律可循的。

宇宙是人类潜意识的本源,而在茫茫的太空中,金星与潜意识中爱的原型关系是最为密切的,这最容易让人有强烈的爱的感觉。人的潜意识,就像太阳系的中心——那轮火红的发热的太阳。所以,当对方的金星正好合到你的太阳,角度越紧密,你觉得对方是你心目中完美意象的感觉越强烈。因为在宇宙中,金星所代表的是一个人爱与美的展现,不同位置的金星,使人表现出来的气质是完全不同的。

看起来好像是神秘的,但却很好理解:异性符号的位置元素。比如一位男性的"太阳"处在摩羯座的10度,正好遇到一个是金星在摩羯座10度的女性——她正处于寻找爱的时期,因为金星的出现,意味着她需要爱。那么,这个男人就会被这位金星在摩羯座的女性表现出来的矜持、谨慎、传统的美所深深地吸引。而金星方的这位女性,她虽然未必有同太阳方的男性相同的爱的感觉,但在他面前,她会感到非常的自在,也更能表现自身本质的魅力而进一步吸引着对方。当这种趋势出现时,他们相爱的机会就非常大,男人会成为追求方,女人则将在不久坠入爱河——如果她接受对方的求爱。

在潜意识中,金星所代表的是一种带有精神色彩的爱,它所带来的爱的感觉是柔和的,与金星有关的爱的好感,表现为你会喜欢对方,欣赏对方,也愿意为对方付出,却未必想占有对方。对此,我们也可以将其表现为一种暗恋,并不付诸行动。

这时,异性符号表现为单向的吸引力。就像我们在生活中常见的,你喜欢上了一个男人或女人,他或她对你的潜意识产生了吸引,这种吸引只是你的心灵震动,而对方并没有相应的频率。只有当双方的振动频率相同时,彼此的爱才会真正融合在一起。

在宇宙和潜意识中,火星代表欲望,它也与男女之间强烈的吸引力有关,但它的表现就不那么纯精神,也很容易带来更多的负面影响。因为火星的能量是具有爆发性及毁灭性的,可以让人冲动或沸腾、烦躁不安。这表现在,某一个异性在你的眼里有诸多缺点,但你还是难以控制地疯狂地迷恋着他或她。火星的欲望所引起的两性关系,比起金星和太阳来,更具有实际的行动力,较之金星的爱,更容易由想法变为现实,但较之金星引起的两性关系,则显得过于短暂和不安定;他们的离婚率是比较高的,因为这更多地表现为短期的激情。

我们在生活中所遇到的伴侣,往往很难是潜意识中既定的原型。因为即便你碰到了你的原型,你却往往未必是他或她心目中的原型。这就是两性潜意识的矛盾之处。而且,从概率上来说,我们遇到原型的机会往往是非常小的。但无论如何,一旦你遇到符合你心中的原型的人,他或她散发出来的气息,一定会令你觉得亲切、熟悉和喜爱,并会感到这是上天赐予的宿命相遇。

第三节
爱情对对碰，找到心灵的归宿

在爱情的国度里，其实有很多事情是我们无法搞清楚的。为什么我们最终的爱情结果会与自己最初的爱情理想相差悬殊？一个文静温柔的女孩，为什么会喜欢粗犷的男性？而那些热情如火的女子，怎会偏爱外表文弱的书生？

到这里问题就出来了，你知道自己内心里最希望找一个什么样的另一半吗？为什么男女之间很难遇到第六感恰好相互吸引的另一半？一对性格上看起来很不合拍的夫妻为什么偏偏能白头偕老？这些问题就是两性间潜意识符号对抗与互补的外在表现。

就像在现在的社会中，有些男人一方面十分渴望一夜情、婚外恋等开放性的刺激，但在他们的潜意识中，还是会瞧不起那些轻易和男人上床的女人。他们在寻找结婚对象时，要求往往是保守、自爱和对于婚姻的忠贞。

比如男人一定会轻视这样的女人：轻易就会和男人上床的女人；失去男人仿佛失去全世界的女人；为男人做牛做马也没意见的女人。相反，倒是那些苦苦追求而不得，飘忽不定难以捉摸、难以控制的女人，会让男人如醉如痴地着迷。

也许女人要问了，男人难道不都是大男子主义者吗？女人听话一些，有什么不好吗，这不正对了男人的胃口吗？这就是问题所在，在男人的潜意识里，一方面会对异性提出自己的需求，比如她要听话，会做家务，为自己提供一切欲望的需求；但另一方面，潜意识又会觉得这很不好，完全没有新鲜感，继而产生厌烦的第六感。当男人潜意识渴望合作时，一个不合作的女性，反而会给他更大的振动，两个人产生相同的频率，从而彼此吸引。这就是为什么一些吵架拌嘴的冤家最后可以成就一段美好的婚姻了。

我们总结发现，潜意识的目标对象大致有以下几种。对号入座找到你的潜意识目标对象类型，你就更能找到自己的心灵归宿。

一、潜意识的目标对象是受人照顾的柔弱派

需要这种爱人，说明这类人很细心，非常喜欢照顾他人，无论是身边的好姐妹还是铁哥们儿，或多或少都受过这类人不少的关照。这类人天生具有包容心和母性关怀，他们对于恋人更是体贴入微。这类人希望自己和恋人是彼此的避风港湾，更希望对方从自己这里获得最大的温暖。因此，这类人往往会相中不太成熟甚至有些柔弱和任性的异性作为恋爱对象，他们希望自己能陪伴他或她一起成长。实际上，具备这种潜意识类型的人的确很可贵，因为现在这个社会的很多人越来越自私了，而他们却愿意花费时间和精力去照顾一个意志力和潜能量并不强大的人。

二、潜意识的目标对象是值得崇拜的偶像派

这类人对爱有着强烈的渴望，他们的潜意识相当地感性，一旦被异性触动了心弦，就会直截了当地表露心迹，绝不会用理性来束缚自己的感受。这类人非常忠于自己的心灵直觉——第六感，他们不会用固定的模式或标准去选择恋爱对象，但只要找到感觉，就会

很快投入到恋爱当中。

最能吸引这类人的异性是有包容心、洋溢着生命力、富有才华的人，这样的人确实很优秀，往往是众多人崇拜的对象，追求者也少不了，所以我们概括其为"偶像派"。具备这种潜意识异性符号的人，如果你是男人，就会喜欢女强人；如果是女人，则会是大男子主义的推崇者，自己则是小鸟依人的类型。

三、潜意识的目标对象是成熟与幼稚的居间型

这类的潜意识非常强势，第六感大多带有攻击性，但是他们的热情和感觉来得快去得也快。这类人往往是朋友圈里的领头人物，手头上可能有很多重要的事要做，因此他们平时都会很忙，如果要谈恋爱的话，他们一定不会找与自己同一类型的大忙人，他们宁愿找一个平凡乖巧的异性当恋人，他们认为对方应该有一片属于自己的天空，不能过于依靠另一半，与其依从于强大的恋人，还不如找一个介于成熟与幼稚之间的对象来配合自己的生活步调。

四、潜意识的目标对象是出人意料的另类派

在正常情况下，人们通常都会找与自己类型相近的人交往，而对于具有这种潜意识异性符号的人，却是一个大大的意外！这类人找的对象无论是才学还是背景都与自己完全不同，他们天生就喜欢追求新鲜和刺激，完全不忌讳违背常理的恋爱模式，只要他们自己喜欢，什么姐弟恋、师生恋、三角恋、忘年交都不会介意！全凭感觉恋爱，这种人有一种不同于常人的恋爱观，而且认为这正代表着自己的独特个性。可惜的是，这样的恋情常常会遭到家人或好朋友的反对，所以在此提醒一句：当你决定恋爱时，一定要记得，分清

是真爱还是一时好奇的错爱，分析对方的潜意识需求，与自己到底是对抗的还是互补的。

第四节
你离婚姻殿堂有多远

对于女人来说，跟自己所爱的男人最终走进婚姻的殿堂，可以说是最根本的愿望。但跟一个男人从相识到结婚是一段说短不短、说长不长的距离，不是随便什么人都能接受闪婚的。在相互观察、考验的时间里（亦即通常的恋爱期间），给自己所爱的男人制作怎样的第六感、留下怎样的印象是件很重要的事。在这里希望所有的女人要记住，如果你希望与某个男人走到最后，那就千万不要给他留下以下几种感觉印象：

一、轻易答应与男人上床

毫无疑问这是女人第一个要排除的负面印象。很多小女生可能会错误地认为，一个男人肯定是渴望占有的，而自己只要把最宝贵的那一步让给他，就一定会获得对方的疼爱。是的，疼爱是可以获得了，但这跟天长地久的爱情相悖，这么做的女人，只是加快了男人离开的步伐，或者说是逃离的步伐——带着愧对的自责而逃离。

如果一个男人对一个女人产生了"这个女人很容易跟人上床"的第六感，那么在他的潜意识判断里就已经为这个女人贴上了"可做情人不可娶回家"的标签,毫无改变的可能。

可能另有一些小资的女人认为这种事情纯粹是各取所需,觉得合适就在一起,觉得不合适就分开,顺其自然。这种心态固然无可厚非,但是我们这里认为,只有在获得了男人的敬重后再发生性的关系,无论对谁,都是让关系更接近于爱的高度,即使最后分开,也远胜于纯粹"各取所需"的关系。

二、靠撒娇和"小可爱"来博取宠爱

如果是在青春年少的恋爱阶段,毫无疑问,会撒娇的"小可爱"绝对是男生们追逐的焦点。但是当一个男生开始向男人转变的时候,如果一个女人仍停留在撒娇"小可爱"的阶段,那她就危险了。因为当一个男人思考到婚姻时,他一定已走出了无风无雨的象牙塔。经过社会风雨洗礼过的他,不会想要一个只会撒娇的小女人,他想要的更是一个能够与他共经风雨、坚强自信且有生活趣味的妻子。所以,如果一个女人给男人留下撒娇小可爱的第六感,那她很有可能被定格在"不懂事的小情人"的位置。

很多女人有一个错误的观念,认为男人都喜欢那种娇滴滴、要放在手心里捧着护着的小女人。其实不然,除非他还是一个很年轻的男孩,或者是一个不太成熟的男人,他需要一个比他更不成熟的女人来显示他的男子气概。一个真正成熟的男人,在选择妻子时,绝不希望自己娶来的是一个需要照顾、需要呵护的小女人,他要的是妻子而不是女儿。因为男人其实是很缺乏安全感的动物,他对自己未必像你看到的那么有信心。从小到大,家人就教导他们,要坚强,不能哭,不能软弱,要像个男人。所以他们不会把内心的软弱和不安全感表现在你面前。但他们一直都很担心,担心你不是因为

他们的本身而是因为其他原因嫁给他们，比如金钱、住房。他们害怕有一天当他们不再有钱、失去工作的时候，你还会不会留在他身边。所以男人其实也是很没安全感的。他需要一个可以和他一起经历风雨、内心强大、懂得宽容的妻子。他知道只有这样的人，才能让他真正无所顾忌地去奋斗，去生活。

三、不合群

一个女人可能会爱上一个行事放荡、不为大家所认可的无形浪子，但是一个男人却绝不会娶一个虽然看上去极有魅力，但却极不合群，为大家所不能接受的女人回家。如果一个女人给一个男人留下了不合群的第六感，那么这个男人可能会出于好奇而了解她，但很难会产生娶其为妻的念头。

人是社交的动物，对男人来说尤甚。好的妻子会被称为"贤内助"，内助的话外之音是有助于男人更被大家所认同。而一个不合群的女人，如果娶回家，则会起到恰好相反的效果——一个男人本来善于交际人缘不错，但因为娶了这样一位妻子使人际关系变得紧张，人缘变坏了。

四、"完美无瑕"

看到这里肯定有人要不平地质问了：为什么给男人留下"完美无瑕"的第六感也会被判"婚姻死刑"？

由于社会、杂志、各种主流媒体的误导，女人通常认为，如果自己美丽富有、多才多艺、会多国语言并且精通厨艺，那么就能得到所渴望的尊敬和爱情。所以女人通常把那些很漂亮，且看上去甜蜜温顺的女子视为眼红的对象，认为她们就是男人最想娶回家的尤物。是的，男人一开始的确也这么想。但当他们回到现实时却发现，如果他们遇到一个过于"完美无瑕"的女人时，他们很快就会感到厌倦。试想一下，当一个女人与男人第一次约会时，她比男人稍晚一点点到达，优雅地走进餐厅，坐下的时候还不忘整理裙角。点餐时，她点的只是符合营养的蔬菜和水果，并且说"我吃不了太多"。她尽量露出得体的微笑，避免发出咀嚼的声音。并且会在吃到一半的时候询问是否可以去下洗手间，在回来时，她的妆容又被完善了一遍……这样做的女人，可能会让男人在心底赞叹，但同时他会开始提防，想搞清楚这究竟是个什么样的女人。因为他知道自己所看到的，一定不是真正的她。他想搞明白这个女人真正的动机又是什么。通常他的第六感在这时会告诉他，她只是为了讨好他而在作秀。而私下她可能是一个精明的或者疯狂的女人，并且从不向人坦白自己。相信有了这样的第六感，这个要想再跟男人有进一步的关系甚至走进婚姻殿堂的可能，就微乎其微了。

五、对男人身外之物过于关心

为什么男人不乐意听到女人过分地打听他们的事业和金钱？这就是因为男人不希望女人爱的是他所拥有的外物，这会让他产生不安全的第六感。有心的人可能会发现，男人对通过相亲认识的对象大都不是非常热情，除非对方非常漂亮，或条件比自己更好。这就是因为他们打心底认为相亲的女人，一开始就是以他的外物基础作为判断依据的，非常不安全。

所有男人都有一个共同的担心之处——就是害怕女人是因为他的金钱和社会地位才嫁给他，而非真正喜欢他这个人。即使再富有的男人，也希望所娶的女人是一个可以陪自己吃苦，一起奋斗的女人。哪怕他根本不会让她吃一点苦，也希望她拥有这个品质。男人希望得到的肯定，是希望得到关于对他本身的肯定，而非他的车，他的房，他的金钱。

所以对于女人来说，一定要收起这些论调："物质条件是很重要的。""没车可以，没房不行。""不在乎物质条件以后会后悔的。"至少不要在你希望与他白头到老的男人面前这样宣讲。哪怕你真的是一个很在乎物质的人，也请你在看到男人的高级轿车时捂住嘴巴，不要夸张地叫出来；不要去打听关于他房子和公司资产的事情。当他向你炫耀自己的财富时，只需礼貌地笑一笑，如果再问一句："你奋斗的时候一定很辛苦吧？"那就会令你给他的印象锦上添花了。在多次的共餐中，当他为你埋单时，你可以表示自己乐意付下一顿账单。当然，如果他真的对你有意思，而他自身条件又还可以的话，他是不会让你去付的。总之，自立自强的女人才有可能获得男人的尊敬。

六、"小萝莉""老母亲"

有一些女人会犯这种错误，她们在两性关系中特别喜欢扮演小女孩的角色，期待对方扮演大哥哥甚至父亲的角色，照顾她们，疼爱她们。由于男人有天生的"萝莉"情结，一开始他会产生泛滥的爱意，会非常喜欢这样的女孩。但时间长了就会厌倦。因为他们担心和你在一起久了，尤其是在将来结婚有了孩子后，你仍是一副没长大的样子，让他照顾你和孩子。男人不是天生的保姆，甚至在男人天性里是反保姆的，所以想到此，他定会断然割舍的。

还有另一种女人犯的错误是在恋爱时给男人以"老母亲"一般的第六感。这类女人热衷于为男人的日常生活奔波打理，力求做到井井有条，自以为已经扮演的是"妻子"的角色，并且还会以"唠叨"

来换取男人的注意。殊不知这种妈妈型的女人是最让男人不来电的。如果男人喜欢一个女人,他会把她当成一个平等的女人,而非一个女孩或一个母亲。

第五节
两性间不同的潜意识需求

在男女之间最常见的一个问题就是:男人并不了解女人,却常常认为是女人不理解自己,或者把这句话反过来说。

在一起生活多年的伴侣们,也曾花前月下,也曾赌气争吵,也曾互赠礼物相互感动,也曾心生猜忌满腹怨言。每当我们在查看对方的心灵时,也许你看到的不是皓月当空下的清晰夜色,而是一眼看不透的迷雾森林。这时你才会发现,原来你根本不知道对方真正需要什么。

曾有一位上市公司的高管去心理咨询师那里抱怨,他说自己遭遇了感情危机。他认为自己和妻子是真心相爱而走到一起的,他们恋爱之时非常有得聊,交流上的共鸣感非常强,他一直认为自己的婚姻是非常完美的。而他最近发现自己和妻子交流的时间越来越少了,交谈的内容也越来越缺少交集。他还说自己的妻子同女伴的联系越来越多,一通电话能打上几个小时。有时候在她接电话时,他出去办事,等他回来之后,他发现她还在和同一个人通话。总之这一切给了他一个非常不好的第六感，他觉得他们的关系正在往不好的方向发展。

心理医生提醒他说："我们男人谈话时注意关键问题，但是女人们却可能更注重于细枝末节，这在你看来可能就是在浪费时间对吗？"

高管立即回应道："是的！每一件事她都说没时间去做，可依我看，如果她不在电话上耗那么多时间的话，她本可以有不少时间的。"

心理医生问道："每一件事是指？"

高管顿了一下，说道："各种家务啊。"

原来这位高管的妻子平日在家做一些自由兼职的工作，不需上班。这样一来，这位高管就想当然地在心理上认定所有家务都需由妻子来承担，这位高管的回答暴露出了他的潜意识预设。

说到底，这正是男人与女人在潜意识需求上的不同。通常来说，女人与其他女性接触的目的，是为了了解和学习他人的经验。她们把其他女性当作行为的样板。女人们需要相互的印证，如果你观察两个女人交谈，你会听到"没错""就是"这些词使用频率是如此之高，你也会看到两人不住地点头，表示同意对方的观点。这是在女人的潜意识中，不容易被男人察觉的意识领域，忽视了这一点，一个男人，尤其是一个丈夫，就很难明白自己的妻子真正需要的是什么了。而自己还在那里一厢情愿地觉得妻子就是应该为他打理好家里的一切。

那么，对一个女人来说，她们的内心深处，究竟需要的都是什么呢？

一、女人希望丈夫凡事会首先想到她，无论什么事

在潜意识中，男人和女人所嫉妒的事情是全然不同的。男人嫉妒的是潜在的性的竞争对手，比如情敌，以及比自己优秀的男人。男人的第六感会很敏锐地告诉自己哪位男士是自己的强敌，而女人则嫉妒丈夫没有花在她身上的那些时间，她在争取自己的男人给她更多的时间。不管这些时间丈夫是在和哥们儿聊天或是去打高尔夫球，她都要感觉到在他的生活中，她是第一位的。

所以，我们看到，如果丈夫总是晚上八九点钟才回到家，这时妻子就会唠叨着埋怨自己和孩子在男人的心中不够重要。甚至有时候即使他在家，她也感觉留在家里的只是他的躯壳，精神不知跑到哪儿去了。比如一个晴朗的日子，她和孩子在外面玩，那个男人却待在屋里看电视，欣赏球赛或者电影，女人这时就会产生被拒绝的感觉。

在西方有一项调查表明，大多数夫妇每星期只花大约 30 分钟面对面地交谈，特别是当他们有了孩子之后。而结婚 25 年的幸福夫妻们，他们发现要建立良好的婚姻关系，起作用的不仅是时间的质量，还有时间的数量，他们必须拿出更多的时间来，进行深入的交谈，以此让对方理解自己的需求以及苦衷，求得对方的理解。

二、女人还都希望丈夫能够主动做家务，不管他有多忙

有些女人，她的丈夫被许多的女友所羡慕，是因为她的丈夫特别英俊或者成功吗？不是的，理由竟然是男人们很难想到的：因为他分担家务。

有位女性曾一脸幸福地在大家面前分享他们的生活："如果我做饭，他就洗碗。我洗衣服，他就负责烘干。"在大家面前提起自己的丈夫，她骄傲极了。更让她觉得幸福的是，她觉得丈夫做这些并不是为了讨好她，因为丈夫总是对她说："我们是一个整体。"

这就是一个女人，遇到了一个懂得女人的丈夫，使婚后生活呈现出来的美好。现实中，一个妻子往往最需要这样的感觉，她的婚姻是一种合作的关系，没有哪种家务是某一个人的，而是需要彼此承担。但现实中的普遍现象是，男人的态度则常常相反，他们觉得在外打拼是自己的事，而做家务则是帮她的忙，清洗脏盘子本就是她的事，与他无关，所以他每刷一个盘子，脸就拉长一寸。而女人则觉得，丈夫虽然在外工作，但在晚饭后一个躺着看电视、一个洗盘子的分工，仍是让她觉得自己像个保姆。

有一个颇有意思的调查是，某心理学家询问了750名已婚者，发现家务是最易引起矛盾的三大问题之一。这足以说明，在家庭中，谁清理孩子的玩具和给他们洗澡绝对不是小事一桩。这恰恰是男人和女人在潜意识层面进行的激烈搏斗，潜意识中的不同，让他们的第六感分别对自己产生了没有交集的导向。

三、女人需要有感情上的亲密关系

男人们需要了解的是，对于女人的潜意识和心灵的需求来说，理想的爱情不仅仅是温存的抚摸，而首先是心灵的相通和情感的交流。

最后，女人对于自己想要的礼物，与男人想送的礼物也截然不同。

女人绝对不会想要性感内衣和厨房用品这样的礼物。为什么看上去并不是什么大问题的礼物——尤其是在男人看来非常不错的礼物，会在夫妻之间引起大麻烦呢？这是由于双方对礼物认识的不同，女人考虑的是礼物的含义，男人却只是将礼物当成一种工具。

比如男人送给妻子一本她最喜爱的作家的新书，是在传达这样的信息:"你说话的时候我在听,我想让你高兴。"没错,这就是一个好礼物,正是女人想要的。但如果是一个烤箱,则会使她感觉自己就像一个厨娘了。这位丈夫好像是在说:"我不知道,也不在乎你喜欢什么,所以我只要使自己愉快就行了,你用这个工具可以给我做出好吃的蛋糕,这正是我想要的。"女人的感受是什么呢?她一定十分气恼。

许多男人都在抱怨说:"如果她想让我送她什么特殊的东西作为生日礼物,为什么她不告诉我呢?"同时女人却在想:"如果非要我告诉你,我便觉得自己不像个女人了,因为这意味着你根本就没想着我。"

这正是两性之间潜意识的需求不同导致的,男人和女人互相不理解,并激烈对抗,但在表面上,又维持着互补的合作关系,婚姻的秘密就在于此。最后忠告男人的是,当你发现妻子变得暴躁或者"不可理解"的时候,你一定要相信,她需要的只是爱和安全感,这是女人最大的心灵需求。

第六节
建立双向沟通的桥梁

在两个人的世界里,你是否常常会有沟通不畅的第六感发出的报警信号?不要小看了两人之间沟通桥梁的重要性,也不要认为沟通是件可有可无或很简单的事。

两性之间的关系肯定是在一定的沟通基础之上才得以建立的，但随着关系的发展，沟通障碍会慢慢在潜意识中形成。两性之间的潜意识沟通，需要打破种种消极模式。我们前面说过，当你相信自己能够得到理想中的伴侣时，你才会给自己以自信的第六感，并按照第六感所指引的方式来获得理想型的伴侣。但这样的前提是要积极地去沟通，而不是仅凭第六感去想当然地判断。要知道第六感虽然是一种源自潜意识的直观判断，但它也需要理性的认识加深来为其提供更多的"触发"因素。

某位婚恋专家在谈及两性婚恋问题时，举了一个非常常见的例子：某位外表不错，有学历、有气质的女子在濒临"剩女"之时，非常渴望能找到一位合适的对象步入婚姻的殿堂。但是时间仍在以飞快的速度流逝，她的恐惧感日渐增大，她不无忧虑地想：我是不是患上了"魅力丧失症"，为什么没有男人被我吸引？当婚恋专家问及她寻找伴侣所用的方法时，她睁大了眼睛："方法？我不知道啊。爱情难道不是在正确的时间遇到正确的人吗？当我遇到他时，难道我的感觉不会感知到吗？如果说有方法，那我采取的就是等待。"

案例中的女子绝不是个例，基于传统思维习惯，很多女性的潜意识中都非常认同保守的恋爱态度，她们觉得女性就是要干等着男性来追求的。她们自身条件都挺不错，有姣好的面容、有一定的修养，但是就是在恋爱的关系中只取"守势"，当自己爱上一个异性时，也只是希望能引起对方的注意，让对方追求过来。甚至很多男人也是这样的，他们超级自信，好像自己是这个世界上最出色的男子汉。而他们对女人所做的却也仅限于展现自己的自信，在自己所擅长的领域内滔滔不绝地说个不停，却早已被拒在女人的心门之外。

要想获得爱情，获得心中的理想型，我们除了要相信自己一定可以得到，还要建立起积极的双向沟通桥梁。当你的第六感与对方获得呼应时，无论自己是男是女，都应该积极地发出内心的声音让对方听到。你要相信第六感是不会骗你的，只要你得到了第六感的信号，相信对方就绝不是对你毫无反应，所以只要你响应第六感的呼唤，表达出你的心声，你所得到的将绝不是糟糕的回应。双向沟通的桥梁是由诚实、真诚、善良和正直以及必要的主动意识搭建起来的，然后就形成了爱。所以，恋爱中的人，寻找爱的人，都应该对彼此绝对地真诚，并且充满炽热的需求能量。

如果你的生命中缺少爱，说明爱你的人还没有走进你的生活，那么，从现在起，就先让自己的生命充满爱吧。我们需要谨记的一点是，在爱情和婚姻里，每个人都会面临不断的调整和适应，但这并不意味着你要试图征服你的伴侣。沟通是很重要的，那种武断和自私的尝试只会伤害对方的自尊，并引发一种抵触的怨恨情绪，关闭沟通的窗口，这对于一桩幸福的婚姻来说是相当致命的。

── 第九章 ──

第六感的幸福体验

在幸福的标准下感受人生的快乐，
这正是生活的真正乐趣所在。
同时，这也是强有力的人生目标，
是自然的力量。

第一节
幸福的条件

幸福感究竟是什么？它来自哪里？也许我们常常会思索这个问题，但往往不得要领。在这里可以确定的一个关键问题是，幸福感常常是直接来源于我们对自身状态的满意程度。一个处境堪忧的人，如果对自己有着良好的第六感，那他也一样会有很高的幸福指数。也就是说，一个人拥有什么并不重要，重要的是我们做着自己喜欢的事情，并且在做事的过程中，对自己有着良好的第六感，这样你就会感到幸福。

每个人的想法都是随时会变的，有时候"自己真正喜欢做的事"也免不了会改变。当你在中学的时候，你可能非常喜欢钻研数学方程，有志于做一个尖端的数学家。但人的选择也是可以根据变化而调整的，当你读到大学时，一向对数字敏感的你，却发现自己对金融投资更加热衷，在对各种数字的变化分析中，你更能获得兴奋感，你发现这才是你真正愿意从事的工作。

如果你满意自己此刻所从事的工作，说明你是个幸运地找到了自己喜欢做的事的人；如果不是这样，那么，我们大胆建议你当即中断目前的工作去找自己真正喜欢的事，并心无旁骛地扑上去。

在这里，你可以回答下列的问题，顺着提问，也许有助于你找到自己真正喜欢的事。

你现在最想做什么工作？

在你心目中你的理想是什么？

你认为你自己现在缺少什么？或者你还有什么要努力改变的吗？

你对自己有多少了解？

你觉得你自己适合做什么工作？

然后，你行动了吗？在行动中遇到了什么问题，以及是否想到了解决的办法？

一个合适的职业对我们而言究竟有多重要？相信无论如何形容都不为过，就像鸟儿需要飞翔一样，你的职业就是你飞翔的翅膀，它是你梦开始的地方。能飞多远完全取决于你判断的准确程度，具体说来，我们必须在选择前明白自己的性格、气质、能力和兴趣。在选择职业之前，我们需要对自己的气质和性格有一个基本的了解。

即：每个人都要对自己的潜意识做一次深入调研，并掌握自身的潜能，明白它到底可以帮助你实现什么愿望。

斯蒂芬·茨威格说："一个人生命中最大的幸运，莫过于在他人生旅途中，即年富力强时发现自己生活的使命。"

做自己喜欢做的事情，它一定能让你热血沸腾。

做自己喜欢做的事情，它一定能挑战你的创造力。

做自己喜欢做的事情，它一定能深深吸引你，激发你的潜能，给你带来快乐。

做自己喜欢做的事情，它的吸引力就是如此强大，以至不给你钱你都愿意干。

做自己喜欢做的事情，它本身就是一种全然的喜悦，而其副产品则是人人都期待的财富——我们统称为"幸福"。

让我们幸福的条件就是这么简单，不管在哪一个行业，假如你有了以上的任何一种感受，就意味着你爱上了自己所做的事情。而且一旦你爱上了自己所做的事情，成功就会沿着以下的道路展现出来：如果你喜欢自己所做的事情，它就不再是一项工作，而是一种理想，是人生所有的乐趣所在。

相信我，你越是喜欢它，你越自愿投入。投入越多，获得的知识越丰富，就越是擅长它。知识越丰富，知识的力量就越大。知识的力量越大，成功就越容易，因为丰富的知识是启发思考、找到解决问题的好办法的关键。有了丰富的知识，你就能迅速识别机会并抓住最佳机会。

但是这一切，都始于你爱你所做的事情，它是你真正愿意从事的，一辈子都想与它为伴，无论遇到任何意外或挫折，你都不会放弃。

当你爱上自己所做的事情时，金钱作为一种副产品，就会源源不断地进入你的钱包。瑞典某机构曾对此做了充分的调查，他们对欧美各阶层人士近二十年的研究结果表明，百万富翁之所以能成为百万富翁，是因为他们对自己所做的事情都极为投入。而且只有爱你所做的事，你才可能对它极为投入，你的潜能才能得到最大的发挥。

所以，从现在起，做你所爱做的事，忘我地投入到你所爱的事中，你赚到的就不仅是财富，更是让你充满了喜悦的幸福感。没错，幸福只是一种第六感，一种愉悦的体验，它就来自于你专注、忘我的投入中。

第二节
用第六感进行职业定位

俗语说:"三百六十行,行行出状元。"因为行业的分化、细化,或许我们今天所面对的行业已经是三千六百行了,在众多的行业中,我们该选择哪一行呢?我们又该如何去选择呢?

有一位名牌大学毕业的小伙子,他在大学中学的是国际贸易。毕业不久,他就幸运地被一家大型的外贸企业录用为销售经理助理。但他具体的工作内容,用他的话说就是翻译,其他什么都不用干。当时这位小伙子认为自己和其他的同学比已经很厉害了,自己也挺满意了。但随着时间的飞逝,一转眼两年过去了,他发现自己对工作越来越没有了热情,完全就是混日子,上班的目的就是盼着下班。自己的水平和大学毕业时不仅没有什么长进,甚至还有所倒退,于是他就想,是不是自己当初选错工作了?对比一些大学的同学,他觉得做销售的都挺有出息的,自己也觉得做销售很有挑战,于是他就果断放弃了翻译的工作,加入了营销大军。但是工作不到半年,他就发现自己根本不是做销售的材料,做起来也全然是心有余而力不足,无奈之下,他只好放弃了工作,在家待了一年多。

从小伙子的经历中看我们可以发现,他对自己的职业选择以及人生规划缺乏认真的思考，没有找到自己的职业定位，没有找到真正让自己喜欢的事情，于是导致了一次又一次的失败，最后还是一事无成。每个人的最佳职业发展期都只有短短几年，我们怎样才能在短短的几年里，找好最适合自己的工作，确定自己的位置呢？

下面这个是目前西方管理学界盛行的人格类型和职业能力的科学测试，它要求受试者在测试过程中注意力完全集中，高度投入，在作出选择时要捕捉内心的直接选择，即第六感指引你的选择，每个题目的考虑时间不能超过10秒钟。

下面就来试一试，看你的第六感会带你选择一个什么样的职业定位吧：

每7题为一部分，找出你选择最多的那个字母，按顺序进行排列。

1. 你倾向从何处得到力量：

（E）别人。

（I）自己的想法。

2. 当你参加一个社交聚会时，你会：

（E）在夜色很深时，一旦你开始投入，也许就是最晚离开的那一个。

（I）在夜晚刚开始的时候，你就疲倦了，并且想回家。

3. 下列哪一件事听起来比较吸引你？

（E）与情人到有很多人且社交活动频繁的地方。

（I）待在家中与情人做一些特别的事情，例如说观赏一部有趣的录影带并享用你最喜欢的外卖食物。

4. 在约会中，你通常：

（E）整体来说很健谈。

（I）较安静。

5.过去，你遇见大部分的异性朋友是：

（E）在宴会中、夜总会、工作上、休闲活动中、会议上或当朋友介绍你给他们的朋友时。

（I）通过私人的方式，例如个人广告、录影约会，或是由亲密的朋友和家人介绍。

6.你倾向拥有：

（E）很多认识的人和很亲密的朋友。

（I）一些很亲密的朋友和一些认识的人。

7.过去，你的朋友和同事经常对你说：

（E）你难道不可以安静一会儿吗？

（I）可以请你从你的世界中出来一下吗？

8.你倾向通过以下哪种方式收集信息：

（N）你对有可能发生之事的想象和期望。

（S）你对目前状况的实际认知。

9.你倾向于相信：

（N）你的直觉。

（S）你直接的观察和现成的经验。

10.当你置身于一段关系中时，你倾向相信：

（N）永远有进步的空间。

（S）若它没有被破坏，不予修补。

11.当你对一个约会觉得放心时，你偏向谈论：

（N）未来，关于改进或发明事物和生活的种种可能性。例如，你也许会谈论一个新的科学发明，或一个更好的方法来表达你的感受。

（S）实际的、具体的、关于"此时此地"的事物。例如，你也许会谈论品酒的好方法，或你即将要参加的新奇旅程。

12. 你是这种人：

（N）喜欢先纵观全局。

（S）喜欢先掌握细节。

13. 你是这种类型的人：

（N）与其活在现实中，不如活在想象里。

（S）与其活在想象里，不如活在现实中。

14. 你通常：

（N）偏向于去想象一大堆关于即将来临的约会的事情。

（S）偏向于拘谨地想象即将来临的约会，只期待让它自然地发生。

15. 你倾向如此作决定：

（F）首先依你的心意，然后依你的逻辑。

（T）首先依你的逻辑，然后依你的心意。

16. 你倾向比较能够察觉到：

（F）当人们需要情感上的支持时。

（T）当人们不合逻辑时。

17. 当和某人分手时：

（F）你通常让自己的情绪深陷其中，很难抽身出来。

（T）虽然你觉得受伤，但一旦下定决心，你会直截了当地将过去恋人的影子甩开。

18. 当与一个人交往时，你倾向于看重：

（F）情感上的相容性：表达爱意和对另一半的需求很敏感。

（T）智慧上的相容性：沟通重要的想法；客观地讨论和辩论事情。

19. 当你不同意情人的想法时：

（F）你尽可能地避免伤害对方的感情；若是会对对方造成伤害

的话，你就不会说。

（T）你通常毫无保留地说话，并且对情人直言不讳，因为对的就是对的。

20. 认识你的人倾向形容你为：

（F）热情和敏感。

（T）逻辑和明确。

21. 你把大部分和别人的相遇视为：

（F）友善及重要的。

（T）另有目的。

22. 若你有时间和金钱，你的朋友邀请你到国外度假，并且在前一天才通知，你会：

（J）必须先检查你的时间表。

（P）立刻收拾行装。

23. 在第一次约会中：

（J）若你所约的人来迟了，你会很不高兴。

（P）一点儿都不在乎，因为你自己常常迟到。

24. 你偏好：

（J）事先知道约会的行程：要去哪里、有谁参加、你会在那里多久、该如何打扮。

（P）让约会自然地发生，不做太多事先的计划。

25. 你选择的生活充满着：

（J）日程表和组织。

（P）自然发生和弹性。

26. 哪一项较常见：

（J）你准时出席而其他人都迟到。

（P）其他人都准时出席而你迟到。

27. 你喜欢：

（J）下定决心并且作出最后肯定的结论。

（P）放宽你的选择面并且持续收集信息。

28. 你是此类型的人：

（J）喜欢在一段时间里专心于一件事情直到完成。

（P）享受同时进行好几件事情。

性格分析：

（E）外向型 –I– 内向型（I）

（S）感知型 –I– 直觉型（N）

（T）思考型 –I– 感觉型（F）

（J）判断型 –I– 认知型（P）

外向型的人把注意力和精力放在身外的世界，主动与人交往，喜欢互动。与人为伴就精神抖擞，常认识很多人。

内向型的人专注于自我的内心世界，喜欢独处并陶醉其中。他们总是先想后做，这意味着心理活动居多。他们不喜欢受人注目，一般比外向型的人更矜持。

感知型的人注重自己看到、听到、触到、嗅到和尝到的具体感受。他们只相信可以测量、能够记录下来的东西，只注重真实可靠的事。他们也相信自己的个人经验。

直觉型的人更相信"第六感觉（直觉）"。他们善于理解字面以外的含义，对一切事情都要寻求一个内在意义。他们总能预示事件的发生，通常不愿意维持事物的现状，总想不断来点新花样。

思考型的人喜欢符合逻辑的决策，善于客观地分析一切，并常引以为傲。

感觉型的人常根据自己的喜好和感觉决策。他们很能体贴人，常富有同情心，并因此自以为荣。

判断型的人条理性很强。只要生活安排得有条不紊、事事井井有条，他们就快乐无比。凡事他们总要断个分明，喜欢决策。

认知型的人生活散漫随意，生活机动性强时最高兴。他们乐意尝试一切可能的事情。他们往往理解生活，而不是努力控制生活。

个性的每个层面都有两个彼此对立的极端，这样统共有八种个性偏好，每种用一个字母来表示。把这些字母组合起来，便代表16种个性。每一个人都可以在当中对号入座。

ISTJ：内向、感知、思考、判断型

这种人一丝不苟、认真负责，而且明智豁达，是坚定不移的社会秩序的维护者。他们讲求实际、非常务实，对精确性和条理性孜孜以求，而且有极大的专注力。不论干什么，他们都能有条不紊地把它完成。

对这类人而言，满意的工作是技术性的工作，能生产一种实实在在的产品或提供一种周到的服务就是这类人追求的目标。他们需要一种独立的工作环境，有充裕的时间让自己独立工作，并能运用自己卓越的专注力来完成工作。

ISFJ：内向、感知、感觉、判断型

这种人忠心耿耿、一心一意、富有同情心，喜欢助人为乐。由于这种人有很强的职业道德感，一旦觉得自己的行动确有价值，他们便会担起重担。

最令他们满意的工作是，需要细心观察和精确性要求极高的工作。他们需要通过不声不响地在背后工作以表达自己的感情投入，但个人贡献要能得到承认。

INFJ：内向、直觉、感觉、判断型

这种人极富创意。他们感情强烈、原则性强且具有良好的个人品德，善于独立进行创造性思考。即使面对怀疑，他们对自己的观点仍坚信不疑。看问题常常更能入木三分。

对他们来说，称心如意的事业就是，能从事创新型的工作，主要是能帮助别人成长。他们喜欢生产或提供一种自己能感到自豪的产品或服务。工作必须符合个人的价值观。

INTJ：内向、直觉、思考、判断型

这类人是完美主义者。他们强烈要求自主、看重个人能力、对自己的创新思想坚定不移，并受其驱使去实现自己的目标。这种人逻辑性强，有判断力，才华横溢，对人对己要求严格。在所有类型的人中，这种人独立性最强，喜欢我行我素。面对反对意见，他们通常多疑、霸道、毫不退让。对权威本身，他们毫不在乎，但只要规章制度有利于他们的长远目标他们就能遵守。

最适合的工作是：能创造和开发新颖的解决方案来解决问题或改进现有系统；他们愿意与责任心强，在专业知识、智慧和能力方面能赢得自己敬佩的人合作；他们喜欢独立工作，但需要定期与少量智囊人物切磋交流。

ISTP：内向、感知、思考、认知型

这种人奉行实用主义，喜欢行动，不爱空谈。他们长于分析、敏于观察、好奇心强，只相信可靠确凿的事实。由于非常务实，他们能很好地利用一切可资利用的资源，而且很会瞄准时机。

对于 ISTP 这种人而言，事业满意就是，做尽可能有效利用资源的工作。他们愿意发挥机械技能或使用工具来工作。工作必须有乐趣、有活力、独立性强，且常有机会走出工作室去户外。

ISFP：内向、感知、感觉、认知型

这种类型的人温柔、体贴、敏感，从不轻言非常个人化的理想及价值观。他们常通过行动，而非语言来表达炽烈的情感。这种人有耐心、能屈能伸、且十分随和、无意控制他人。他们从不妄加判断或寻求动机和意义。

适合的工作是，做非常符合自己内心价值观的工作。在做有益他人的工作时，希望注重细节。他们希望有独立工作的自由，但又不远离其他与自己合得来的人。他们不喜欢受繁文缛节或一些僵化程序的约束。

INFP：内向、直觉、感觉、认知型

INFP 类型的人珍视内在和谐胜过一切。他们敏感、理想化、忠心耿耿，在个人价值观方面有强烈的荣誉感。如果能献身自己认为值得的事业，他们便情绪高涨。在日常事务中，他们通常很灵活、有包容心，对内心忠诚的事业义无反顾。这类人很少表露强烈的情感，常显得镇静自若、寡言少语。不过，一旦相熟，他们也会变得十分热情。

对 INFP 类型的人而言，最好的工作是，做合乎个人价值观、能通过工作陈述自己远见的工作；工作环境需要有灵活的架构，在自己激情高昂时可以从事各种项目；能发挥个人的独创性。

INTP：内向、直觉、思考、认知型

这类人善于解决抽象问题。他们经纶满腹，不时地能闪现出创造的睿智火花。他们外表恬静，内心专注，总忙于分析问题。他们目光挑剔，独立性极高。

对于这类人，事业满意源自这样的工作：能酝酿新观念；专心负责某一创造性流程，而不是最终产品。在解决复杂问题时，能让他们跳出常规的框框，冒一定风险去寻求最佳解决方案。

ESTP：外向、感知、思考、认知型

这类人无忧无虑，属乐天派。他们活泼、随和、率性，喜欢安于现状，不愿从长计议。由于他们能够接受现实，一般心胸豁达、包容心强。这种人喜欢玩实实在在的东西，善于拆拆装装。

对这种人来说，事业满意度来自这种工作：能随意与许多人交流；工作中充满冒险和乐趣，能冒险和随时抓住新的机遇；工作中当自己觉得必要时希望自我组织，而不是听从别人的安排。

ESFP：外向、感知、感觉、认知型

ESFP这一类人生性爱玩、充满活力，用自己的陶醉来为别人增添乐趣。他们适应性强，平易随和，可以热情饱满地同时参加几项活动。他们不喜欢把自己的意志强加于人。

对于这类人来说，适合的工作是，能在实践中学习，利用常识搜集各种事实来寻找问题的解决方案；他们喜欢直接与顾客和客户打交道；能同时在几个项目或活动中周旋。尤其喜爱从事能发挥自己审美观的项目或活动。

ENFP：外向、直觉、感觉、认知型

ENFP这类人热情奔放，满脑子新观念。他们乐观、率性、充满自信和创造性，能深刻认识到哪些事可为。他们对灵感推崇备至，是天生的发明家。他们不墨守成规，善于闯新路子。

ENFP这类人适合的工作是，在创造性灵感的推动下，与不同的人群合作从事各种项目；他们不喜欢从事需要自己亲自处理日常琐碎杂务的工作，喜欢按自己的工作节奏行事。

ENTP：外向、直觉、思考、认知型

这种人好激动、健谈、聪明，是个多面手。他们总是孜孜以求提高自己的能力。这种人天生有创业心、爱钻研、机敏善变、适应能力强。

令这类人满意的工作是：从事创造性解决问题的工作。工作有一定的逻辑顺序和公正的标准。希望通过工作能提高个人权力并常与权力人物交流。

ESTJ：外向、感知、思考、判断型

这种人办事能力强，喜欢出风头，办事风风火火。他们责任心强、诚心诚意、忠于职守。他们喜欢框架，能组织各种细节工作，能如期实现目标并力求高效。

ESTJ类型的人适合做理顺事实和政策以及人员的组织工作，能够有效利用时间和资源以找出合乎逻辑的解决方案，在目标明确的工作中运用娴熟的技能。他们希望工作测评标准公正。

ESFJ：外向、感知、感觉、判断型

ESFJ类型的人喜欢通过直接合作以切实帮助别人。由于他们注重人际关系，因而通常很受人欢迎，也喜欢迎合别人。他们的态度认真，处事果断，通常表达意见坚决。

这类人最满意的事业是，整天与人交往，密切参与整个决策流程。工作的目标明确，有明确的业绩标准。他们希望能组织安排自己及周围人的工作，以确保一切进展得尽可能顺利。

ENFJ：外向、直觉、感觉、判断型

这种人有爱心，对生活充满热情。他们往往对自己很挑剔。不过，由于他们自认为要为别人的感受负责，所以很少在公众场合发表批评意见。他们对行为的是非曲直明察秋毫，是社交高手。

这种人最适合的工作是，工作中能建立温馨的人际关系，能使自己置身于自己信赖且富有创意的人群中工作。他们希望工作多姿多彩，但又能有条不紊地干。

ENTJ：外向、直觉、思考、判断型

这种人是极为有力的领导人和决策者，能明察一切事物中的各种可能性，喜欢发号施令。他们是天才的思想家，做事深谋远虑、策划周全。这种人事事力求做好，生就一双锐眼，能够一针见血地发现问题并迅速找到改进方法。

最令 ENTJ 这类人满意的事业是，做领导、发号施令，完善企业的运作系统，使系统高效运行并如期达到目标。他们喜欢从事长远战略规划，寻求创造性的解决问题的方式。

对号入座：

ISTJ：审计员、后勤经理、信息总监、预算分析员、工程师、技术员、电脑编程员、证券经纪人、地质学者、医学研究者、会计、文字处理专业人士。

ISFJ：人事管理人员、簿记员、电脑操作员、顾客服务代表、信贷顾问、零售业主、房地产代理或经纪人、艺术人员、室内装潢师、商品规划师、语言病理学者。

INFJ：人力资源经理、事业发展顾问、营销人员、企业组织发展顾问、职位分析人员、企业培训人员、媒体特约规划师、编辑／艺术指导（杂志）、口译人员、社会科学工作者。

INTJ：管理顾问、经济学者、国际银行业务职员、金融规划师、设计工程师、运作研究分析人员、信息系统开发商、综合网络专业人员。

ISTP：证券分析员、银行职员、管理顾问、电子专业人士、技术培训人员、信息服务开发人员、软件开发商、海洋生物学者、后勤与供应经理、经济学者。

ISFP：顾客销售代表、行政人员、商品规划师、测量师、海洋生物学者、厨师、室内／风景设计师、旅游销售经理、职业病理专业人员。

INFP：人力资源开发专业人员、社会科学工作者、团队建设顾问、编辑、艺术指导、记者、口笔译人员、娱乐业人士、建筑师、研究工作者、顾问、心理学专家。

INTP：电脑软件设计师、系统分析人员、研究开发专业人员、战略规划师、金融规划师、信息服务开发商、变革管理顾问、企业金融律师。

ESTP：企业家、业务运作顾问、个人理财专家、证券经纪人、银行职员、预算分析者、技术培训人员、综合网络专业人士、旅游代理、促销商、手工艺人、新闻记者、土木／工业／机械工程师。

ESFP：公关专业人士、劳工关系调解人、零售经理、商品规划师、团队培训人员、旅游项目经营者、表演人员、特别事件的协调人、社会工作者、旅游销售经理、融资者、保险代理／经纪人。

ENFP：人力资源经理、变革管理顾问、营销经理、企业／团队培训人员、广告客户经理、战略规划人员、宣传人员、事业发展顾问、环保律师、研究助理、广告撰稿员、播音员、开发总裁。

ENTP：人事系统开发人员、投资经纪人、工业设计经理、后勤顾问、金融规划师、投资银行业职员、营销策划人员、广告创意指导、国际营销商。

ESTJ：银行官员、项目经理、数据库经理、信息总监、后勤与供应经理、业务运作顾问、证券经纪人、电脑分析人员、保险代理、普通承包商、工厂主管。

ESFJ：公关客户经理、个人银行业务员、销售代表、人力资源顾问、零售业主、餐饮业者、房地产经纪人、营销经理、电话营销员、办公室经理、接待员、信贷顾问、簿记员、口笔译人员。

ENFJ：人力资源开发培训人员、销售经理、小企业经理、程序设计员、生态旅游业专家、广告客户经理、公关专业人士、协调人、交流总裁、作家／记者、非营利机构总裁。

ENTJ：（人事、销售、营销）经理、技术培训人员、（后勤、电脑信息服务和组织重建）顾问、国际销售经理、特许经营业主、程序设计员、环保工程师。

我们可以从职业测试中清晰地发现，对于职业的定位，都是以自己的性格评估作为依据，其实这也是因为性格决定命运的缘故。还有我们会发现，尽管做这样的职业测试，每一次都是在选择，而且是一次果断的（不超过10秒），在第六感的指引判断下做出的选择；但是，这并不是说我们按照这样的测试做出的答案就一定适合自己，其实它是告诉我们应该按照自己的性格、兴趣爱好，去找到与自己内心产生共鸣的事情。

第三节
穿过消极暗示的"墙"

我们潜意识的特征是无条件地接受任何暗示,不管是来自外界的外源暗示,还是来自自己的自我暗示。幸福的生活需要健康的心态,所以,我们需要进行积极的暗示训练,并且一直保持这个样子:情况一直良好,我很棒,我一定可以完成。而如果恰恰相反,你一再对自己说"我不行,我做不到这件事",那么你的潜意识同样也会接受你的命令,并且形成根深蒂固的习惯,认定自己是一个不行的人。这样,幸福生活自然会远离你,因此可以说,消极的暗示是幸福生活的最大杀手。

消极暗示塑造出消极心态,在消极心态下自然产生消极的第六感,消极的第六感引导着你朝着一个更糟的方向前进,你的生活状态就会受到持续的影响,最后你可能就成了一个毫无幸福感可言的可怜鬼。如果你坐在家里的沙发上,喃喃自语"我买不起车,也没钱旅行,更没钱买房子,我真是愚蠢极了,毫无用处",那么,你的潜意识也就开始遵循你的命令,你就会真的体验到缺乏上述物品的人生,且距离它们越来越远,最后你穷尽一辈子的心力,也没办法实现上述的愿望,除非天上掉馅饼。可是,你就算在临死前的一刻,却还误以为这是外界条件造成的。

当你倒霉时,你也许从来都不知道,这些竟然都是你自己内心中的负面想法造成的！但是转变很容易，只要你调转方向，走向积极的一面，拿起积极暗示的武器，对抗所有的负面信息，让自己变得乐观。

这里就有一些我们经常见的消极暗示：我办不到；你这个没有出息的家伙；你不能这样做；你这个失败者；这怎么可能呢？我错了；没用的；关键不在于你的能力有多强，而在于你的关系有多硬；经济形势真是糟透了；有什么意义呢？反正也没人在乎……从这些信息看来，世界简直糟透了，根本没有任何改进的机会。如果你相信了上述的这些外源暗示的话，你的生活就一定会变得如此了，这将是一个长期的过程，很难逆转过来。更悲惨的是，当你还是个小孩的时候，你的长辈就这样教导你，那个时候你当然别无选择，只好接受它们。在这样的观念下长大，你的意识和潜意识都处在十分可悲的状态之中，它可能是你一生的习惯，无论如何都难以扭转局面。所以我们经常看到一些人，他们不管怎么努力，都很难战胜这种从儿童时期就养成的"恶习"，始终无法抛开消极因素的影响，站到积极的对岸去。

不过，当你读到这本书时，相信你现在已经是个成年人了，你已经有能力自己作出选择。你完全可以运用建设性的积极自我暗示，去重塑过去形成的人生观。

现在，你需要做的第一件事情就是让自己明白，外源暗示会在自己身上产生多么重大的影响。如果你不能清醒地认识到这一点，那么它们将继续影响你的行为，制造失败和痛苦。而建设性的积极的自我暗示，则可以帮助你从他人强加的负面阴影中走出来，重新形成良好的习惯，克服困难，甚至创造奇迹。

在积极暗示开始之前，我们需要抵制消极的暗示。现在，我们对于消极性的信息，几乎是随处可见的，比如我们随便拿起一张报纸或者转到某一个频道，你都会发现许多消极的报道，哪儿有矿难了、飞机坠落了、火车脱轨了、失业率增高、股市低迷、房价一直在涨……这些报道会不断地在你的心中播下焦虑的种子，叫你寝食难安，如临大敌。

"我买不起房子，不敢出门，火车和飞机都不敢坐……"你的内心一旦接受了这些信息，就会觉得生活索然无味，充满了悲观和绝望。但是一旦你有效地抵制这些信息，你就会惊喜地发现，生活向你敞开了通往康庄大道的大门。

我们完全可以做到，每个人都能够依靠自己内心的力量来把这些有害的念头拒之门外，而你需要做的，不过是给自己一些积极的自我暗示而已。

当开始抵制时，我们要经常反思一下，到底是哪些人给了你哪些消极暗示，你是不是很容易就被这些消极的外源暗示影响到。我们每个人从小到大都或多或少地遭遇过这种情况。你好好想一下的话，很容易就会回想起，从小时候到现在，你的父母、朋友、亲人和同事都曾给过你很多消极暗示。你需要好好研究研究他们都对你说了些什么，以及这些话语到底暗示了什么。

这时，你才会发现，他们对你发表的那些所谓言论不过是一种宣传，其目的是为了吓到你，然后才能控制你。由此可见，消极的暗示不过是一堵纸糊的墙，当我们能够仔细看清楚时，其实伸手一推，它就会被捅破，我们可以破墙而过。

消极的暗示每时每刻都在发生，无论是在家里，还是在办公室……我们会发现，人们总是自觉或者不自觉地给出许多这类暗示，而这些暗示的目的，归根结底都是一样的，就像我们上面提到的那样，都是为了让你按他们的希望去思考，去感受，去行动。这也是第六感的盲目性所在，它极易受外界影响并产生相呼应的感觉，这对于我们来说，是非常有害的，一定要抵制和扭转，代之以积极的暗示。

第四节
接受现实，沿着正确的轨迹向前走

在现实中，人们普遍感兴趣的话题是，为什么有些人始终无法涨工资？

现在，你可能在一家大公司工作，这家公司强大极了，是产业的龙头，或者是极有实力的新兴企业，朝气蓬勃，但你觉得自己的工资太低了，一点不符合自己的心理定位。你恨自己不能获得老板的赏识，而且你经常觉得你应该拥有更多的钱和更多的认可。

这种抱怨无处不在，可实际上，如果你在思想上和自己的老板对立，那么，你也就在潜意识里割断了和这个组织的联系。因为你已经假设了这样一个过程，潜意识已经开启了这样的图像制作程序，最终会让精神性的图像变为现实。

然后，某一天，你的上司就会把你叫到办公室，直截了当地告诉你："我们应该让你走。"是他开除了你吗？不，实际上，是你自己开除了你自己。你的上司仅仅是作为一个工具在行动，是在呼应你的内心召唤，只不过，通过他，你的消极情绪得到了确认。这是潜意识原理中的作用力和反作用力规律的一个典型例子。

在这里，作用力是我们的思想，而反作用力是我们潜意识的回应。

不接受现实，恰恰是通向财富之路的障碍和阻碍，因为你梦想得到太多，又不能正视现实，无法脚踏实地地起步。时不时地，你可能听到某些人说："赚大钱的人都是骗子。"然后你深有同感。当然，这表明你现在钱很少。你也希望赚到很多钱，可你对自己的现状充满仇恨，于是潜意识自动将这种仇恨转嫁了——指向了那些成功者和有钱人。

相信我，如果你是这样，那么你正给自己制造巨大的长久的困难。对于那些成功的人持有消极看法并批判他们的财富，这会导致你的失败和破产。你愿意和谴责你的某个人待在一起吗？当然不会了。同理，那些成功者和有钱人，他们在潜意识的层面，也一定会看见你就讨厌，他们会自动与你保持距离，将你划归到对立的阵营。这就是潜意识，这个人将他祈祷得到的东西赶跑了，被推得更远，怎么也够不到。

在现实中，人们总是根据对事实的感觉而非事实的真相来作决定，于是就会产生很多悔不当初的遗憾。我们每个人都知道一项确定的事实，各种统计数字也都确凿有据：死于车祸的人远远多于飞机失事的遇难者，但是人们登上汽车依然轻松自如，而登上飞机却会有莫名的担心与恐惧。这个例子，对于成功与未来的追求也是如此，维持平庸的现状是危险的，却很少有人自知；追求改变是安全的，但多数人却产生惧怕，就如同乘车与搭飞机一样。或许有人会说，车祸虽然普遍，但毕竟在地面，飞机虽然普遍安全，可却是在天空中。你看，尽管人们不接受现实，梦想飞上天空，可又顾忌失败后的安全问题。

　　问题是，如果你没有成功，又怎么会有失败呢？

　　所以，从现在起，我们就要学会接受事实，正视它，是我们迈向成功的第一步；相反，仅仅是跟着感觉走，就会让我们在误区中越陷越深，直到难以自拔。

　　接受事实几乎不需要智慧，仅仅练习问自己一些基本的简单问题就可以。我们在这里所说的接受现实，并不是说要向糟糕或平庸的现实屈服，我们应该做的是在已经成为现实的基础上寻求发展，不是说要你成为现实的奴隶，彻底压制自己的潜能和欲望。

　　我们要在承认现实的同时，想办法改变现状，不懈努力，用自己的智慧确立一个好的方法，然后沿着正确的轨迹向前走，总有一天会取得成功。

第五节
内心的满足：幸福和快乐的来源

　　在幸福的标准下感受人生的快乐，这正是生活的真正乐趣所在。同时这也是强有力的人生目标，是自然的力量。但问题是，总有不少狂热自私且又郁郁寡欢之徒在不断地抱怨：老天为什么不让我幸福？

　　没错，老天为什么不让你幸福？因为你没有知足之心，潜意识中没有一个幸福的标准或者"篮子"。所以，即便你已经得到了许多，但你依然会痛苦不堪。

心理学家早就为我们发现：设定心中的目标，奋力将之实现，这是幸福的一大要素，而且是所有要素之基础。就是说，在高效、目标明确的活动中，或在发挥自身之才智潜力、努力走向优秀的过程中，幸福会与我们一路相伴。

但是，"设定目标"并不是说快乐就取决于这些目标实现得如何。其实，幸福是自我价值展现的结果，是为自己的目标鞠躬尽瘁产生的心理满足感。

幸福的定位：重视自我实现的满足，而不是功利的需求。

这是很重要的问题，我们必须首先明确幸福的定位，它到底是什么？在这个问题上，一般会有两种观点：一是实现论，二是体验论。前者追求结果，后者重视过程。

现在，有很多人认为幸福就是拥有尽可能多的快乐，这其实就是一种体验论的幸福观。很多情况下，有此想法之人往往会过度地饮食，比如西方社会正在面临的肥胖问题，过度地消费，从而使担负债务、破坏自然资源等问题也随之滋生，并且形成了"越多越好"的意识形态。由此可见，体验论如果不加以控制，也会走向很极端的一面。

幸福的源头：快乐不是由外部因素决定的。

多数心理学家表示：除了一些极端的情况，比如一些人生活极其贫困，他们连最基本的生活需求都难以满足，外部改变（买新车、搬进大房子等）不会持续增加人们的幸福指数。然而，心中有梦以及伴随而来的积极心态，这才是我们最永久的幸福。

20世纪，西方多位心理学家和社会学家共同做了一个实验，他们将一些富翁的幸福指数和同一地区的特定人士的幸福指数进行比较，并将结果公布在文章中。福布斯富人榜上的100位美国富人和从电话簿上抽出的100名特定人士接受了实验。

他们发现，身价在1.25亿美元以上的富人仅仅比这些特定人士幸福一点点，并且福布斯美国富人榜上的37%的富人，并没有普通的美国人幸福。

为什么会这样？这正好说明，快乐与幸福的来源，并不是金钱，而在于内心的满足。而且，生活中的积极影响（功利性的需求）只能暂时地提高我们的幸福指数。这种现象，被社会学家称为"享受适应"。比如，某一天购得了你心仪的礼物，获得一份不错的新工作，交到了一个很有意思的新朋友等，在开始时都会让我们有很快乐的第六感。但是，时间一久，它们的重要性会渐渐退去，我们的生活又回到了往日的平淡。

另外我们也要清楚，达到目标本身并不可以产生快乐。因为刚实现目标时，我们会得意扬扬，但是随后这种幸福就会慢慢逝去，让我们产生一种空落落的感觉。所以，在设定目标时，我们应该更注重奋斗的过程，而不是成就目标这样的外部结果，将过程与目标完美地统一，才能持续地体会到幸福的真正含义。

第十章

二十八周,锻炼开发你的第六感

我们要相信第六感在我们生活中的巨大作用,
从身心灵出发,
对自己进行一场第六感的开发和训练,
你会慢慢感受到强烈的心电感应和微妙的直觉和预感。
二十八周,你将会成为一个第六感人。

第一周
从照顾自己的身体开始

今天起,开始第六感的训练,先从照顾自己的身体做起。首先我们得承认,早睡是极其有利于身体健康的。所以我们应该调整好生物钟,习惯性地早睡,哪怕只是比平常早睡一刻钟,那对于我们的身体机能来说也是有益的。随后便是饮食结构的调整,我们可以列一个食物清单,上面要多以蔬菜、五谷、蛋白质这些健康物质为主。我们可以根据清单有规划地为自己准备健康食品,当然,汤是必不可少的,煨上一大锅味道鲜美又有营养的汤,每天都喝上一碗,再配上营养均衡的饭菜,慢慢便可把身体调整至极佳状态。需要注意的是,有些人习惯每天喝咖啡,但请不要超过三杯;牛奶、巧克力、糖虽然美味,但内富高热量及糖分,也是不适于养生的。如果你愿意,可以用鲜美的水果代替。

为了保证良好的睡眠质量,建议大家把床铺得舒适一些,放一个松软的枕头,睡前如果能再洗个热水澡就更好了,当然睡觉的时候最好把电视关掉,因为嘈杂的电视音会进入睡眠人的大脑神经,造成睡眠质量下降。同时,要记得放松自己,不要让自己总处于精神紧张的状态,就算我们白天再忙碌,晚上回到家也一定要给自己留出完全放松的闲暇时间。养成规律最好的办法便是:在记事本上给自己订下计划,锻炼也好,出游也罢,总之按照计划表里的内容安排自己放松的生活。记住，我们要尊重自己的身体，随时感应它并与其友好相处。每天吃上一两片维他命，再至少喝上6杯水，只有照顾好自己的身体，我们才能使身心的感应逐渐协调至一致。

我们在作为五感人的基础上向六感人靠拢，那么正如我上述所言，照顾身体是第一位的，其实我们只需要对自己的身体稍加关注，千万不要再盲目地追求"再快一点、再多一点"，这样忽视了自身的做事态度。我们的身体，是感受这个世界的缘体。好好照顾自己的身体，你会发现，在未来的日子里，它回馈给你的更多，带给你更多可以让你心灵所感应到的信号，帮助你客观地看待所遇到的人和事。

向不良嗜好说拜拜吧！在我们向第六感靠拢的过程中，我们是需要向更有益的生活方式迈进的，我们要积极、主动地摒弃从前的坏习惯，这样我们的生活才会向着美好出发。所以，为了阳光的未来，我们就从现在开始，从照顾自己的身体开始。

第二周
户外运动，扫除身体的有害能量

计划制订好了吗？这样吧，就从本周开始，每天至少利用15分钟的时间来锻炼身体，哪怕只是微小运动。最开始的时候我们可以只散步，就沿着住宅旁边的小路，一边走一边看风景。慢慢地，我们要逐步加大运动量，因为我们的身体经过前面的磨合已经可以适应并需要强度更大的有氧运动了。当然在锻炼的过程中，我们要视其为享受，头脑放松，可以听听轻松的音乐。然后再想象一下，身体里的负面情绪、疲惫的感觉，甚至是饮食上由于不卫生而带进身体里的不好物质，都一点点随着汗液消散，渐渐逃离我们的身体，这是一种多么轻松的感觉呀！如果想要更强大的效果，那么再伴随深呼吸吧，抛开所有的忧伤和烦恼，只留下健康和活力。

  发现了么？多做一些户外运动会使我们更亲近于自然的原始状态，随之而来的是我们对世界的感知力变得越发强烈。这是我们端坐在办公室内，机械地敲打键盘时所意识不到的。而且我们会在运动之后感觉到自己思维的灵敏，想法也变得更加清晰，这也充分说明，运动似一种清醒剂；可以帮助我们扫除身体里的有害能量，使身体重获新生。同时头脑也会更加清晰，更会保持着高度敏锐的注意力，能为我们的第六感蓄积更多正面的能量。

第三周
让心灵与身体沟通，拉近身心一体

  第三周了，此时我们的身体已经逐步适应了有规律的户外运动，我们应该认真地遵从自己身体的回音：每天早上醒来面对的都是美好的一天。站起来，伸个懒腰，好好审视一下自己，感受一下身体与心灵的交会，身上会不会有什么感觉通过神经系统让你的心灵感应到？如果真的有疼痛、疾病，甚至是精神上的紧张，情绪上的沮丧，那其实都是心灵感应的体现，大胆认知你感觉到的一切！这表明"你在倾听自己的身体"。

　　在各种情况下，我们都应该好好留意自己的身体，甚至是在洗澡的时候也不要忽略，看看身上是否有什么变化？此时我们已经决定好好爱护自己，并抛弃旧有的观念了。如果你有时候克制不住自己，一不留神又恢复到从前——酗酒、吸烟、失眠或者任何对自身有害的行为，一定说服自己咬咬牙，赶紧停下来吧！不要让自己的身心皆受损。第六感的训练最终要达成的便是身心合一，我们用心灵告诉自己要体恤身体，那么身体也会像盟友一般守护你的心灵。

　　如果我们真的感觉到身体不适，千万不要忽视，我们应该寻求一切方式去缓解这种不适，问一问自己的身体到底怎么了。芝加哥有一名非常著名的医生——大卫·埃德尔伯格，他有一个十分先进而又现实的理念，那便是："经常和自己的身体交流，你便会保持健康的身体。"这是他从医37年来一直所深信不疑的。

　　我们的身体会告诉我们什么呢？是的，病痛、伤感等，我们的身体都会如实表达，那么请相信它所言，并大声地说出来，千万不要硬撑，不要忽视。这样我们就能更自然地让心灵与身体沟通，就会更深入地相互了解。

　　所以，如果我们的身体不适，比如感到紧张、气闷、耳鸣、瘙痒、昏厥、不安等任何一种负面的感觉；或者我们感觉到精神焕发，力量充沛等正面信号，我们都要去观察、去留意，看看这些正、负面的感应，是否和我们目前所处的环境有关？或许是工作环境太压抑了，导致气短胸闷；或许是新认识了一个好朋友，所以感觉非常开心。总之，身体所反应出来的信号，我们都应该用心去关注，因为心灵的红绿灯都会通过我们的身体来显现。所以，不要疏漏任何一个与此相关的细节。

我们的身体反应通常是一个信号，是一个预示，每当接到不同于寻常的身体信号时，我们都应该警觉，因为这是我们的灵感在起作用。就像一位名叫特里的商人，他说，如果在他谈生意的时候感到胸口憋闷，他就知道对方会赖账。他并不能解释原因，但事实上他的身体发出了这样的信号，并传递到他的大脑之中，然后就有了一种对事态发展的预知。这就是我们的身体和心灵相连接的证据。所以，我们要爱护自己的身体，时刻对它保持敏感，因为它知道一切，并用心灵感应的方式来告诫你。

我们要时刻关注并解读自己身上的信号，比如：在工作的时候经常感到胃痛，那可能是你的身体在提醒你应该辞掉这份工作；或者我们晚上失眠了，就是在提醒我们白天的时候我们没有认真对待自己的身体；如果每一次和自己的男女朋友出去约会，回来后都会感到身体疲惫或者有沮丧的情绪出现，那么潜意识就是在告诉你，这个人相对于你来说不是那个正确的人，最好尽早放弃。其实身体所表现出来的信号都是可以被解读的，这项能力不需要去刻意研究或者学习，只要我们在日常生活中稍加留意即可。

所以，让我们的心灵与身体彼此愉快畅谈吧！这是我们拉近身心一体的良好开端，用心倾听身体的声音，我们的第六感会为我们进行指引。

第四周
放松身心,做逍遥自在人

好吧,那就让我们的每一天,从深呼吸开始。深吸一口气,配合放松的伸展运动,顺其自然地"啊"出声来,这样的步骤重复几分钟,会取得很好的效果。如果你感到精神紧张,那就把双手放在肚子和胸上,并配合鼻子吸气,嘴巴呼气,你会感觉到很放松。如果可能,每天读一读轻松的娱乐新闻,晚上再泡个温水澡,身心皆能得到放松。

我们可以做一个逍遥自在的人,很简单,那就是学着保持冷静,在任何时候都很开朗活泼,让身心得到释放。就像在《乱世佳人》那样的电影里,主人公通常都很镇定,不论在任何危急的时刻。一开始我们可能不适应,但我们可以通过模仿来巩固我们意欲向上的生活态度。就模仿电影主人公在一些尴尬局面中的做法,比如,退一步并深呼吸,然后微笑着对对方说一句:"你干得很漂亮!"当然,我相信任何一个人在最初时都不能完全做到坦然,但慢慢地,我们会掌握这种方法,然后面对任何事情,我们都可以表现得很大方、很宽容、很潇洒。

我们每个人都会在某个时刻产生强烈的控制欲。这个时候我们应该仔细找找原因,是不是因为恐惧?还是不安?大多数人的控制欲其实是来源于没有安全感吧,那么我们应该遵循尊重自己的原则,在弄清楚了内心控制欲所指的情况下，放松自己，尽可能地满足这种控制欲。人应该经常放松自己，只有在轻松的状态中才会很敏锐地预感危险，进而镇定地远离危险。当然，辅助我们放松自己的方式除了上述所说的经常进行深呼吸以外，我们还应该养成早睡觉的习惯。不要给自己太多压力，相信上帝可以掌控一切，做个好梦吧。

除此之外，还有一种方式放松身体，就是利用你的肌肉收缩来让身体得到舒展，比如，将你的肌肉保持10~20秒的紧绷状态，然后放松，恢复平静。那么有规律地开始这个过程吧：先从我们的脸、脖子、肩膀上的肌肉开始，再延伸至腹部、胸及背部肌肉，继续持续至臀部，最后至腿和脚，都以"拉紧、保持、放松"的步骤进行。慢慢地我们会发现，身体里所有紧张的感觉都消退掉了，只有神清气爽的状态，好好享受这个放松的过程吧。

第五周
冥想：倾听内心的声音

接下来的一周，我们要开始做心灵的净化，首要便是追求宁静的状态。如果可能的话，每天腾出10~20分钟的时间安静地坐下来冥想。冥想，绝对是连接心灵的最好方式，我们可以以此来倾听自己内在的声音，时间久了，我们会更靠近灵性，自身的第六感会越来越强烈。当然这种方式因人而异，总而言之，只要能够找到合适自己的能让自己获得平静的时机即可。重要的是，我们一定要有意识地为自己的每一天营造出获得宁静的时段，坚持一段时间看看，你会发现，受益匪浅。

李小姐在一家外企担任财务助理，每天上班的路上，她都习惯于关掉收音机，静静地冥想。她一直想调到美国总部去工作，而且在之前的几年里申请过很多次，但她的请求总是不被批准，因为那边没有空缺的职位可以接纳她。可是这一次，由于她在开车的时候灵感突现，她决定写一份申请，不论是不是依旧像从前那样遭到拒绝，她都想依据灵感去试一把。然而出乎意料的是，这一次她的申请被批准了，就恰巧在这个时段，美国总部一个部门的某一职员离职了，于是她顺理成章地获得了那个职位。

第六周
分辨戏中戏外，理智看待生活中的人和事

这个阶段，是我们训练自己分辨现实与舞台能力的时候了。我们可以用看电影的方式：找几部不同类型的电影认真欣赏一下，可以是爱情片，也可以是悬疑片，我们在看电影的时候，要有意识地让自己反复徘徊于剧中剧外。比如，当我们被剧情吸引，完全沉浸其中的时候，赶紧起身，四处走走，让自己的思维回到现实中来。慢慢地，我们便可以自主地思辨戏中戏外，更理智地去看待生活中的人和事。

某位临床心理医生曾在他的笔记中记录了这样一个案例：

我曾经接待过一个叫琳达的女人，她声泪俱下地向我哭诉她男友骗她钱、威胁她、偷窥她隐私等各种令她恐惧和痛苦的事情。听她这么说，让我觉得她男友简直就是个疯子，应该被关到疯人院里去！

我作为圈外之人，始终保持着客观冷静的态度，经过分析，我认为她的男友其实并非像她所说的那样。她的男友虽然优点不多，但是十分地爱她，并且对于她习惯了花钱、酗酒等等事情明确反感，也向她表示过如果她还不悔悟，他将离开她！

也正是因为我站在旁观者的角度去看待他们的事情，没有任何偏倚，没有贸然地沉浸在"一人演出"的剧情中，才能客观地分析出他们各自的问题。也由此我才可以对琳达提供可行性帮助。我建议她去找一位心理咨询师，由内而外地分析一下自己。她听了我的话，最终能够平静地看待自己的缺点，以及男友对她的爱，慢慢地她开始改变了，他们的关系也回归到了从前最好的状态。

所以说我们要学会能够冷眼旁观身外事，又能设身处地地体会主人公的感觉。在看电影的时候耐心地和演员及剧情共鸣，但是一定要集中精力保证自己能客观地置身戏外，能够正确地揣摩每部戏所表达的主旨意图。这种训练有助于我们学会乐观、健康地对待与自己相关的现实中的人生戏剧。

再到后来，我们会发现，通过上述方式的训练，我们的灵感越发增加了，或许有一天，我们可以通过冷静观看一部电影的过程，继而预知到电影的结局。这是一件非常有趣的事，我们所追求的心灵感应，正是在这样的过程中逐步形成的。

第七周
使用赞同、宽容和幽默的语言

新的一周到来了，我们要努力地打造自己。那就从"说话"开始吧。人与人在最初相见的时候并不了解彼此，而言语的交谈却可以将一个人的秉性完全展现出来。所以记住，要在平和的状态下与人交流，不要言辞激烈。世界上的每个人其实都是相互关联的，所以一定不要攻击别人，因为，攻击别人就是攻击自己。反过来说，善待别人也是善待我们自己。

对待别人要宽容，要稳重，一定要深思熟虑之后再说话，千万不要冲动，因为说出来的话就代表了我们自己的态度。尽量使用赞同、宽容和幽默的语言，这样可以拉近人与人之间的距离。当然，我们可以在日常生活中学习使用友好的语言，勤加练习。如果一开始你不善言辞，也可以用电邮、信件等方式来进行沟通。久而久之，友好的表达成为了一种习惯，这就是我们的第二天性，你会发现自己变得很可爱，很善解人意。

安丽是一名高级白领，这几年她一直在心理咨询师的指导之下恢复自己的情绪。因为她感觉生活抛弃了她。在心理咨询师面前，她诚实地告知，她曾毫无顾忌地发泄自己的情绪，大骂自己的丈夫、公公和婆婆，说他们的穿衣、生活品位有多差，说他们对自己有多不好，诉说着自己的委屈。随后又将抱怨延伸到自己的上司、同事和朋友身上。她经常发泄自己对他们的不满，言语之恶毒完全不过大脑。可到最后她发现，自己身边的人，一个个都离她而去了，自己还被上司炒了鱿鱼，丢了工作，丢了家庭，丢了朋友。安丽痛苦不堪。

我们试想一下，如果安丽在最开始的时候能够正确面对这些挫折，结局肯定不会这么悲惨。如果她能够把对别人的抱怨转变为检讨自己做得不够理想，并用宽容的态度去理解他人，那么别人也会觉得她是一个善良、单纯、可爱的人。她的正面气场也会吸引到更多的人来到她身边。可她恰恰选择了最不利于自己的行事方式，她展现出来的恶毒语言只能叫别人认为她本人就像她的嘴一样恶毒，结果导致她今天这样可悲的下场。

当然，我们选择更多地赞美别人，更宽容地待人，扩大用词量是十分必要的，这样我们便可以精准、有效地在适当的时机说出适当的语言。可以试试每天学一个新词，并刻意地用三个句子来表达三遍。与此同时，我们可以配合以"向自己说出五件当天发生的美好事情"的方式，来让自己和生活变得更加美好。

第八周
创造良好的心灵感应，消除负面能量

有没有越发感应到自己的心灵？经过了这一段的训练，我们更加明确，应该有意识地为自己创造良好的心灵感应，这种正面的能量可以保护我们自己。具体来看，我们应该主动与人交流，交流经验可以帮助我们明辨是非，更准确地感受到他人或正面或负面的态度。如果我们遇到了消极状况，一定要懂得用积极和爱的能量去保护自己，一定不要被负面情绪所影响。真正的心灵感应是正面的，是可以阻挡一切消极事物的。

所以，如果我们对一些人和事物产生了不好的感觉，一定要把它描述出来，即使不能找出原因，也可以帮助我们防御心灵受伤。并且有很多时候，在我们的言语表达之下，不好的东西会被打得无处遁形，进而被消灭。那么负面的能量在我们的努力之下也会消除。

有一位内向的女孩，她的妈妈离婚后为她找了一个继父。虽然继父一直表现出谦和的绅士风度，看起来也很大方得体，可当女孩第一次见到他的时候就有一种非常不好的第六感，于是她把这种感觉告诉了她的妈妈，并且对继父时刻保持着警惕。可由于她妈妈当时是在非常冲动的情况下嫁给了这个男人，觉得这个男人近乎完美，所以对女儿的话非常反感，甚至一度母女决裂。可过了一阵，女孩接到了母亲的电话，原来真的像她所预感的那样，她继父不是个好人，他卷走了母亲所有的钱财后人间蒸发了。

上述故事告诉我们，我们有感应好坏事物的能力，而且我们的直觉通常会很准，这就是第六感的作用，所以把它描述出来，这样便可以帮助我们有意识地进行防御，使得伤害不能靠近自己。这样留存在身边的，只有强大的正面能量。

第九周
健康的心态，吸引更多更好的事物

接下来的一周，我们应该专注于保持健康的心态，千万不要被消极、压抑、暴力以及任何对情绪有破坏性的事物所影响。就算是听说或者是看到造成使自己意志消沉的事情，也要有意识地去避开，选择不听、不看。因为任何不好的事物，对我们的身心都毫无益处。

路人甲是一个极其厌世的人，从他的角度来看，就仿佛全世界都欠他的，他每一天的生活都是痛苦不堪的，总在想为什么所有的人都不善解人意，都那么粗鲁和野蛮！而且特别巧合的是，每一次他打开电视，收看到的新闻总是类似于凶杀暴力，或者人被压力逼疯的这种负面信息。而他的情绪也变得特别容易失控，很容易就为一件非常小的事情去和别人吵架。这种不好的状态也延伸到他的睡眠之中，他总是失眠、不安、多梦，而且总是梦见有幽灵要杀死他。这种负面能量持续围绕在他周围，使他坚信世界的黑暗，他觉得痛苦统治着整个世界，却不知，这种痛苦只存在于他自己的世界里。

与此相反，路人乙则绝口不提不快乐的事情，他很在意平和的态度，并且也乐于随时和他人去分享。而他人也会因为感激，时常回馈给他一些小礼物或者鲜花之类，他从身边人那里得到的都是慷慨、健康、温暖的问候，别人和他在一起时也会感受到巨大的正面能量。也正是由于这种气场的存在，他的灵感越来越强大，经常会有一些创意的新点子在头脑中闪现，他的生活多姿多彩。

上述的两种状态，所给予我们的回馈是大大相反的。可是很多人都像路人甲一样，凡事都往坏处想，殊不知，状态越差，负面力量吸引过来的负面因素就越多，状况只能越变越坏。所以说，我们应该在心中建立起一个美好的目标，就是倾听自己内心中正面的声音，积极抛却不好的，让好的心态吸引到更多更好的事物。

在生活中，我们应该多多留心自己说过的话和做过的事，并用心去感应，心灵感应这种能力有时是一瞬间的，但我们所做的努力是希望这种能力能够紧紧追随我们自己，变成我们的习惯。那么我们就必须对身体和心灵所表现的任何状态做出回应：在感觉到不安的时候要警觉地把这种负面情绪所带给自己的影响力降到最低，用健康的心态和精神来替代，比如，有意识地将精神集中在更美好的事情上，给身边的人送去爱和宽容。

平时我们可以多做一些有益于身心健康的事情，比如读祷告文和诗歌，看陶冶心灵的书籍，听轻音乐和与人做深度的思想交流，用心去感受生命。同时远离那些暴力的、腐蚀人心灵的影片及行为。

你会发现，越是接近于健康的东西，我们就会越健康，越是靠近灵感，我们的灵性就会变得越强。所以，想获得什么，我们就要向其靠拢。

第十周
大胆地跟着感觉走

从现在开始，每天做一些体能上的训练，让自己变得松弛起来。起床后，先伸展自己，慢慢把手臂举过头顶，再转转脖子，耸耸肩，扩扩胸等，让身体的每一个细胞都苏醒过来吧，有没有感觉一下子就变得很有精神呢？

其实放松自己的腰部，能够更有效地增加自身的灵活性。如果你有呼啦圈的话，可以每天试着转上那么几圈，感受一下，是不是全身都变得松软灵活了？

身体上得到放松了，精神上也是不能缺席的，让我们的精神像身体那样做一些伸展运动吧！这就要靠我们的第六感来指引了。跟着自己的感觉走吧，想说话就说话，想安静就安静，想冒险就冒险。任何心灵感应，我们都去迎合，都去接纳，顺其自然地跟着它走。或许有一天你会突然意识到：哎，我怎么穿了一件和从前完全不一样风格的衣服？或者，从前安静的你突然变成了一个喜欢说笑和交朋友的人。是的，这些都是我们的第六感在起作用。大胆地跟着感觉走吧！

张静在一个陌生的城市里迷路了，转来转去都找不到出来的路。一开始她很着急，但后来她平静了下来，决定跟着感觉走，走着走着，她停在了一家古董店面前，在里面她居然发现了一把漂亮的古镜，而这把古镜的款式和颜色都是她一直梦寐以求的（跟自己在古装电视剧里看到的一模一样），而且这么心仪的一把古镜竟然可以用很便宜的价格买到。虽然这不是件真正的古董，但她觉得跟随心灵的指引，找到心爱的东西还是很高兴的。正是因为她放平了心态跟着自己的感觉走，她的第六感才发挥了巨大的作用，最终指引她找到了与之有缘的物品。

前人的经验告诉我们，想要发挥好自己的第六感，就要跟着它前行，可能这一秒和下一秒的想法不一样，但跟着想法去做事，这就是第六感的指引。一般来说，五岁以下的孩子第六感非常强，从他们的灵活度就可略见一斑，孩子们总会毫不犹豫地改变计划和方向，事实上，这是有利于他们发展的。

第十一周
清除一切不利于自己的因素

下一个阶段，就是清除生活中不利于自己的一切因素了，可以先从打扫书桌、皮包、衣柜、办公室、茶几开始，哼着歌，惬意地去清理一切不利于心态平和的物质吧，不论是灰尘、小虫子还是废弃的物件，都让它们远离你的视线，让我们像捍卫领土一样，保护好自己身体中的正面能量。

物质上的杂乱清理干净了吧？好吧，下一步就是净化心灵了，精神上、情感上、心灵上，不管什么样的污垢，我们都应该将其清理出体外！仔细回想一下自己所受过的挫折，打起精神重整旗鼓！是不是因为什么人或者什么事，心里会有忌妒、愤怒甚至是仇恨？都正视起来！这些都是影响我们精神圣洁的脏污！

经过彻悟后发现自己有多大压力了吧？是的，当我们意识到自己的心灵已经承载了太多的负担，那么就要积极解救自己了，寻求帮助是第一步，建议大家去读《真正的平衡》，这是一本为我们鉴别是否需要帮助的指导性丛书；再或者，我们可以通过帮助困难群体的方式，比如拯救那些痴迷于酒精、毒品、性的人们，在帮助别人的同时，也是帮助了自己。

如果你依然感觉心灵不洁，或许你可以尝试去找一位心理治疗师或者一位出色的第六感向导来帮助你，专业人士会从专业的角度来帮助我们去找到可以和我们产生心灵共鸣的人。但是我们的心里通常装着两个小人儿，一个是帮助我们走向阳光大道的大我，一个是使劲儿阻挠我们走向光明的小我。这两个小人儿会在我们的心灵世界里互相拉扯，我们应该跟随专业人士追随心中的大我，因为那是指引我们去过高质量生活的明灯。不要拒绝帮助，我们都需要帮助。让心灵治疗师来帮助我们抛却惶恐，与自己的心灵相接。

不要拒绝心灵助手，他们可以启蒙我们的心灵，让我们的第六感更加强烈，也让我们更加热爱生活，所以我们应该抱着一颗相互学习的心来和专业人士交流，你会发现，自己的生活越来越明朗。

记住要坚持不懈地为自己寻求心灵康复，可以先从小范围找起。

因为我们在清扫身体及精神上的污垢时会觉得很烦琐，很反感，但如果我们能够跟随一位心灵治疗师学习，在努力之下，我们定可以从过去的阴影中走出来。不论花多少时间都一定要坚持下去。也许可能会需要很久很久的时间，但如果我们想获得心灵的安宁，那么就认真去对待吧，别偷懒。

第十二周
放开过去，找到新的人生体会

下一步，就是学会"欣赏过去"。集中注意力，回想自己过去的那些事情，并用欣赏的态度来回忆，如果可能的话，用笔把它们记录下来，然后和其他人一起分享。相信我们在写每一个故事的时候都会不由自主地用欣赏的语言来表达。

然后感觉一下在重温以前故事的过程中有没有收获？是不是和从前的感觉不太一样了？或许你会为以前的事情感到遗憾和后悔。别隐瞒自己的感觉，勇敢表达出来，这一次你会觉得无比轻松。

我们的确不需要回避过去，但不要沉迷于过去，我们必须要正确去面对，并且提醒自己那已经是过去的事情，但是我们可以从回顾以前的经历之中找到新的人生体会，而这种体会可以帮助我们更好地开始属于自己的新生活。

坚持每天都把这些故事讲一遍，温习一遍，我敢保证，一周后你就能客观对待这些过去了，然后用心和新的状态去感受和欣赏你所经历的那些事情,喜也好,悲也罢,然后再慎重做出决定:是要放开过去,还是要踏入新生?

第十三周
记录瞬间的心灵感应

　　无论我们在哪里,什么时候,我们都应该准备两个本子,一个随身装,一个放在家。

　　我们要在生活中记录那些瞬间闪现的心灵感应,这样做你会发现自己写得越多,感应也越强烈。在这时候你会发现,原来以前你一直都忽略了自己突发的灵感,没有进行记录,浪费了很多增加灵性的机会。坚持记录可以引导我们的潜意识承认灵感的重要性,也可以帮助我们时刻注意到这些心灵感应。

　　在外面的时候,随时记录下此时内心的想法和那些突现的灵感。记住,灵感是刹那间冒出来的,所以,不要有任何改动,直接记录下来,可能当时的情景我们并不能充分理解,但不一会儿它的意义便会显现出来。所以,及时的记录是十分有必要的。

第十四周
仔细倾听自己的感觉

现在是不是已经渐渐地能和自己的感觉做交流了呢？那么接下来，就仔细倾听自己的感觉，从中得到信息，比如，感觉要求我们做什么，以及感觉对于周边环境、声音所反馈给我们的回音等。但是，如果我们的感觉反馈给我们的是不好的事物，比如一些让自己情绪沮丧的事情，哪怕仅仅是一件刚穿上的衣服让你觉得很不好看，那么我们一定要尽快脱离这种不好的感觉，让自己保持愉悦。

除了听觉以外，我们还要保持嗅觉的灵敏，只接受对自己身心有益的味道，比如，香味蜡烛、香薰、香水等都能让我们感到很放松很开心，那么我们就可以接受。但如果是不好的、刺激性的，让我们头昏脑涨的，那我们要果断地远离。是的，我们的心灵和我们身体各个部位的感觉是紧密相通的，我们应该找一些时间让自己安静下来，坐在没有人的地方仔细倾听心灵的声音，然后把蓄积的能量都积聚起来。

第十五周
寻找心灵盟友

我们应该给自己的心灵找几个盟友,经常和他们交流,彼此分享各自生活中所形成的越来越强烈的心灵感应。如果还没找到盟友,可以去咖啡厅或者图书馆去寻一寻共同思想的人。比如,放下这本书在桌上,如果有个人对它非常上心,翻开来看得津津有味,那么就找机会去试探他,这个人有可能就是我们要找的心灵盟友。如果没有也不必强求,有缘总会出现的。

找到盟友之后就要多多进行交流,可以一起从本地的报纸或书店里找一些关于第六感的课程。相信通过这样的交流你们的心会越来越靠近的。当然,我们也要经常祈祷能有更多的盟友出现,并敞开心扉去接纳他们。要相信心灵的相通,拥有第六感的人越来越多,只要我们以积极的态度真心追求,找到盟友是件很容易的事。

第十六周
分享你的灵感

　　这一周的训练开始了，重点是分享自己的心灵感应，如果不好意思向陌生人表达，那就先对盟友说。找好形容词，好好地和大家聊聊你的内心。

　　请你积极地向大家坦白你的心灵感应，当然，表达的方式十分重要，我们应该使用优雅、幽默及有文采的语言来描述自己的灵感，不仅你自己讲的会很有感情色彩，在座的听讲的人，也会感觉到十分放松，并且和你产生共鸣。

　　可以在一张空白清单上写下你表达灵感的方式，比如：心灵感应、本能、内心、感觉、预感等。

　　其实用什么样的词语来形容这并不重要，重要的是我们必须要以热忱的心、诚恳的态度来表达，感情要真挚，一定要以肯定、欣赏的方式来谈论自己的感觉，并且和盟友一起分享，这是第六感训练的一项非常重要的法则，因为它会源源不断地引导你探索出更多的心灵宝藏。

第十七周
在模仿中再创造

接下来就是要寻找我们的灵感榜样,用眼、用耳朵、用心灵。大胆地去模仿你想模仿的对象,可能是一个歌唱家,可能是一个冒险家,可能是一个艺术家。勇敢些,去模仿吧,你会用这种方式寻求到更多灵感。模仿的次数多了,时间久了,你会不由自主地去分析和判断,最终形成了适合自己的、独创的、具有灵感天赋的行为,那是属于你的。在模仿中再创造,这在儿童的身上体现得非常明显。下面是一位教育家记录的自己女儿成长过程中的故事:

一个傍晚,我和丈夫、女儿们去了街区的一座儿童乐园玩耍。在路上我们买了几只冰淇淋。孩子们拿着冰淇淋去乐园里玩了,而我和丈夫则乐呵呵地坐在旁边看着。这时我的大女儿手举着冰淇淋,很灵活地围着游乐区的防护栏跳了一圈,然后坐在我身边,随后二女儿也学着姐姐的样子,跳出来坐在我的另一侧。

此时我看到了旁边的一对年轻夫妇,他们刚刚学会走路的小儿子看着我两个女儿优美的动作,痴迷得不行,转身拿了他爸爸手中的冰淇淋向我们走来,然后我看到他开始模仿我女儿的动作,可是大概跳了五步,他就摔倒在地了。

看到这个现象,我就想,虽然这个孩子摔倒了,但是他在模仿的过程中学了很多东西，比如跳，比如举着冰淇淋。正是他的第六感促使着他这么做，去模仿自己想模仿的对象，因而对生活有了全新的体验。

第十八周
关注心灵给予的回馈

下面，你就要开始关注心灵所给予你的回馈了，我们的心灵会全心全意地、毫不吝啬地帮助我们。在我们脆弱、无助的时候永远都不会抛弃我们。在我们希望去做一件有意义的事时给予我们帮助。当然，一定是要去做好事，相信心灵都会给予我们最正面能量的支持。而我们所要做的，就是经常感谢心灵所给予我们的那些充满爱的帮助。

在一个家庭里，丈夫是个技艺精湛的厨师，一直以来他在研修厨艺上花费了很大心思，尤其是在招待客人的饮食上。有一天，他邀请了很多朋友来家里做客，用一天的时间准备了烧烤用的肉，并把它们放在烤肉架上。因为他要去接放学回家的女儿，所以就让妻子给照看一会儿烤肉。而当妻子刚刚在烤架前坐下，就接到了一个长久未联系的同学的电话，因为过于兴奋，妻子聊得太久，等她回来时，发现丈夫正举着一个着了火的叉子……

丈夫焦急地用水扑火，而客人们也是看得目瞪口呆，丈夫很是愤怒，因为妻子的疏忽而造成没有食物可以招待朋友了。此时妻子很害怕、很焦虑，但她脑海里突然冒出了灵感："或许这肉还能吃！"于是她主动将叉子上的肉拿下来，并切成了块状。奇迹发生了，这是他们有生以来吃到的最好吃的一次烤肉，所有的朋友都赞不绝口。是心中的第六感告诉了妻子该怎么做，使得事态最终向好的方向发展。

所以我们在寻求心灵给予我们的帮助时，一定要集中精力，虔诚而再虔诚，那么那些慈悲又超凡的力量，一定会前来帮助你的。

第十九周
对美好抱以期待，相信好运的降临

又进入更高一层的学习阶段了。我们可以开始期待大宇宙所带来的高兴事。我们只需要敞开心扉，客观地判断自己对美妙礼物的容纳度，这种判断有助于我们变得更加理智。

李娜是旅行社的经纪人，但是她并不喜欢这份工作，因为她从小就渴望与小动物打交道，做个兽医、饲养员什么的，但一直找不到这样的工作。她害怕失业、害怕丢掉保险，因为害怕太多的东西，所以她一直都没有追随自己的梦想，丢失了说干就干的勇气，甚至不愿意去做一次接近梦想的尝试，她的顽固也注定了这辈子她只能和自己的理想说拜拜，只能一直以这份她并不喜欢的工作来养家糊口。

另一个姑娘叫柯琳，她也不满意自己当前的工作，希望去做一名兽医。可她与李娜形成鲜明对比的是，她坚信自己的感觉，听从直觉的引导，果断地向她的理想靠近。她从帮朋友照看宠物开始做起，做着做着她就发现，宠物日托是一个可以帮助她靠近梦想的行业，于是她果断辞职，开始找地方，打广告，开办了一家狗狗托儿所，帮助狗主人照看他们的狗。也就用了短短十个月的工夫，就已经有大批客户要求她的狗狗托儿所来照顾他们的狗了。柯琳就这样开始了与小动物有关的专职工作。与李娜相比，柯琳的第六感强烈地支配了她向梦想迈进，而反过来的促进效果便是，柯琳过着越来越开心和有激情的生活，她可以完全做她喜欢的工作了。正是因为她相信了自己灵感的指点，一直对喜欢的事物抱有期待并努力前进，才成就了她的今天。

所以，我们要相信期待所带给我们的幸运，我们应该随时抱有期待，不论是什么情形：或许是在上下班的路上期待能有个座；或许是期待老板和同事都对我们特别好；或许是期待工作顺利；或许是单身的朋友期待早日找到心仪之人等。如果我们一直对这些大大小小的美好事物抱以期待，那么相信好运也是会加快脚步光顾你的。

第二十周
做一个热爱生活的人

继续关注那些让我们满意且能带给我们欢乐的东西,让自己每天都沉浸在美好之中,这会滋养我们的心灵,让我们变得更美好,同时也会增加我们对别人的吸引力,因为人们都希望和乐观的人在一起。试着用这种方式滋养心灵吧,你的生活会向好的方向继续发展,不论是对人,还是做事。

记得《音乐之声》里的歌曲吗?那歌曲鼓励我们大胆地说出自己喜欢的东西,因为这些我们所喜欢的事物都会令我们快乐,令我们感到很轻松,因为整个世界都充满着热爱生活的旋律。那我们也做个热爱生活的人吧!而且我们得到的将会更多!这是不难的。

第二十一周
乐观并积极的生活态度

抛开所有的不愉快、所有的失落、所有的烦恼,这是我们寻求美好生活的开始,抓住释放自己的机会,让我们一起走向更高端的生活。

马丽是一家航空公司的服务员,她开始工作以来,就被告知未来有可能会失业,因为她所在的单位可能会倒闭。随后很多年里,马丽都焦躁不安,时刻觉得自己就要失业,而这种焦虑让她生病了,衰老得很快。可事实上,这家航空公司一直在正常地运营着,也从来没有少发过她一分钱薪水。直到这家航空公司被并购,她的工作终于安定下来,她一直以来的焦虑才得以好转。可对于马丽来说,她的这些焦虑浪费了她很多年的人生,也毁掉了她的健康。马丽就属于典型的只看事物表层的悲观人群。

而与此相对比的例子,马丽的同事倪华看待这件事情的态度就完全不同,他拒绝负面情绪来摆布自己。他利用业余时间学习装潢,这些年他兼职做了室内装潢且技艺越发高超,得到了客户的认可。在公司被并购后,倪华已经可以成熟地做这项业务了,他既有了安定的工作,又在自己擅长的领域小有成果,经济上十分富足。

马丽和倪华在对待同样事物的不同态度上可以看出来二者的灵性大不相同。倪华是个第六感非常强的人,所以他能够看得更远,能够具有更旺盛的创造力。

过去我们经历过的种种困难,都应该重新被审视,因为每一次的回顾都会有一些新鲜的想法冒出来。每一件事都会有它积极的一面。好好想想,在以前经历过的那些困难中,我们最终都是怎么取得胜利的?每个问题都有一个解决的点,我们在遇到困难时,应该冷静地自我剖析,善用灵感去找到规则,把问题解决。

第二十二周
用更高级的自我主宰潜意识

要经常告诉自己一个道理，更高级的自我，是我潜意识的主宰。这是令人深信不疑的道理，它能够帮助我们解决自己在做事过程中所出现的焦虑、挣扎等负面问题，用暗示的办法来给困难中的自己打气，鼓励我们前行。有一个女孩曾描述过她某次化解感情危机的奇遇：

记得有一次我和男友激烈争吵，最后气得要离开，本来我想说："再说下去我就走，永远不回来了！"但是话到嘴边，有一个强烈的第六感让我改了口，我说出来的居然是："别说了，我爱你。"当时我俩都很吃惊，当然这场争吵也就随即停止了。

我们旁观这件事，可以明白是女孩用更高级的表达方式化解了争端，而生活也就往更美好的方向前行了。我们的第六感是健康向上的，它指引着我们往更宽广的道路上行走。

平时要多留意我们所谓"更高自我"的意识所给予我们的作用，然后做出总结，这些对于培养我们的第六感而言都是极其有益的。

第二十三周
学习透过表面看本质

接下来，我们要学会透过表面看他人。这是借助观察的方式来深刻了解生活。我们应该用客观、开放的思维和一颗爱心去探究他人。比如对方的一个表情、一个动作，都会提起我们去了解他们的内心的兴趣。如果我们每天都进行这样的训练，慢慢地，我们就会习惯于透过表面看本质。

比如，有个项目女主管，她每次看到肥胖的人时，都会直接断定对方是个懒惰的人。久而久之，这就成为她对懒人的评判标准，并且十分厌恶肥胖的人。可是客观情况是，她的工作团队中有好几个大胖子，而她对胖子的厌恶在她的工作中起了非常大的阻碍作用，由于她先入为主，她便丝毫看不到这些胖员工的才能和贡献，于是很排斥与他们一起合作，所有的工作都单独进行，这让她的员工们非常生气，更导致灰心丧气。最终，大家再也忍不了她了，一个一个都辞职了。最终她真的只能自己去做所有的事了。后来，她的一个已经辞职的胖员工，自己开办了一家广告公司，并且在第一年就赢得了杰出大奖，她才意识到自己曾经对胖子的看法是多么的主观。

所以说，我们要很客观地看待人和事，不可以先入为主。一定要有一颗善良的心，抱着学习的态度去观察他人，欣赏他人。

第二十四周
用"美"的眼睛发现美的事物

看到不喜欢的东西了吗？这时，我们不妨换个角度审视。到这个阶段，我们已经可以用心灵的眼睛把事物看得更深刻精准，消除偏见和曲解，我们会进入所面对的人和事物更深层次的精神躯体，随后我们就会有新的发现。

曾经遇到过一对夫妇，妻子天天抱怨她的丈夫是个"寄生虫"，除了靠吃那点房租，懒惰又没有本事，至今没有一份稳定的职业，她说她的丈夫每天不务正业，就知道摆弄些所谓"艺术"的玩意儿，她要和他离婚！

可是事实并非如此，丈夫能享受房租，那是他的资源优势，是他的福气。他在闲暇时间里没有去打牌玩乐，而是钻研雕塑技能，这对他来说是一种享受、一种自我实现。

所以说我们应该以客观的眼光来看待别人，要透过现象看到本质。后来这对夫妻真的离婚了，并彼此和他人建立了新家庭。而这个丈夫的新任夫人，是一个第六感较强的人，她就用发展的眼光来看待事物，她一直鼓励他把雕塑技能转为可赚钱的方式，后来他就开了一家手刻图章店。简简单单的经营收入足以养家,而他也在这项工作中获得了最大的满足。

所以说,我们应该让视角变得柔和,这会促使我们寻找到人们身上美好的东西,而这种能力潜移默化就变成了我们的灵感,慢慢地洞察力会增强,这都有助于我们构建自己的第六感。

我们可以选择一个盟友,彼此互动,告诉对方,希望对方变成什么样子,其实这个样子就是基于我们潜意识里对美好的向往所形成的。随后去寻找身边所交往的每一个人身上的优秀品质,并且真诚、大声地告诉对方。当我们能真正用欣赏的眼光去看待别人,那就表示我们变得大度了,不再"鸡蛋里挑骨头"了,并且开始遵循心灵的守护原则。

第二十五周
用笑声激活第六感

笑一笑吧,我们应该从生活中的每一件事中寻找快乐,就算是沐浴的时候也可以唱歌,刷牙的时候也可以对着镜子做做鬼脸,平日里多看看喜剧,听听笑话等。我们需要克服自己生活中的严肃,要让自己的态度变得谦和。就算我们没有找到可供欢笑的事物,我们也可以装笑,不要担心,上天的运气总是会给那些爱笑的人。

曾经有一位78岁的抑郁症老人被送进了一个康复中心后，和其他重度抑郁症病人一样，被要求躺在地上，每天要大笑半个小时，即使他们不愿意或者笑不出来，也被要求必须装笑。一开始他们不明白这是为什么，但这位老人渐渐发现自己的情绪变好了，也就那么一周的时间，他的抑郁症就治愈了。他感觉从前那颗给自己添加了无限负担的沉甸甸的心也随之轻松了。

的确，大笑可以帮助我们驱赶心中的不快和阴影，提升我们心理感应的敏感度，让我们变得健康。并且笑声可以激活我们的第六感，这只是第六感出现的第一步。随后你会发现，越来越多的灵感开始进入自己的生命，包括创造能力、策划能力、梦想等，这是不是很神奇？而且你会发现，自己变得平静了。

第二十六周
让自己变成一个艺术家

我们应该努力让自己变成一个艺术家，哪怕水平不够，看起来很蹩脚。哪怕是参观一家艺术品商店、音像店、舞蹈室等，也要享受一下摆弄创作工具的乐趣。其实，欢乐到处都是，只是需要我们以积极的心态去配合，而且这样的欢愉往往还会带给我们很多正面的效应。

有一位刚刚离婚的单身母亲，她一开始无法相信自己竟走到这步田地，她觉得特别孤单和寂寞，她觉得生活令她很绝望，也不知道目标在哪里。百无聊赖之际，她的姐姐带她去参加了一个水彩绘画班，慢慢地她爱上了这项类似于艺术家打造作品的活动。也是在这个时候，她突然有个灵感闪现，就是想给她阔别了三十多年的好朋友打个电话，于是她按照意愿去找她的好朋友，果真找到了，而且她们一起去喝了杯咖啡。在得知她现在单身时，她的这个好朋友热心地为她介绍了自己的大学同学，并安排了他们见面，可喜的是，他们一见钟情，并走进了婚姻殿堂……

艺术来源于生活，我们要努力生活，接近艺术，第六感在这样的过程中会逐步突现，也会变得越来越强，最终可能会改写我们的命运。

有很多人都表示，在他们参与一些创造性活动的时候，都会有灵感闪现，因为在那个时候，他们暂停了思考，只是随心所欲地去做想做的事，灵感总是会在不经意间，会在人们放松身心的那一刻突然来临。

创造性的娱乐、文艺活动都有助于灵感的实现，我们应该经常让自己置身于这样的环境之中，那么我们的第六感便会经常性地显现，并帮助我们做更多的事情。

我们可以每天花特别少的时间来创作一些手工，哪怕是画上一幅有失水准的画，写一笔很难看的草书，跳一支很不专业的舞。这些都是帮助我们表达自己内心的绝佳途径。好好地向公众展示一下自己吧，然后一起欣赏自己所做的这一切。灵感多来源于艺术，只要我们有心在艺术上多下一些功夫，我们的第六感必然会越来越强大。

第二十七周
感受身体肌肉的微妙反应

  肌肉和我们心灵的沟通是相互的，我们可以利用肌肉测试法来测试自己喜欢的事物。它的原理就是以肌肉对积极刺激或消极刺激的反应为基础，来判断对自己有益或无益的事物，继而亲近有益的，避开无益的。如果是积极的刺激，肌肉就会引起一种强烈的反应；反之肌肉反应则大大减弱。如果是强烈的肌肉反应，说明某件事情对我们来说是有益的；而较弱的肌肉反应则表明这件事情是不符合我们心意的。

  在美国已有很多机构用肌肉测试法来减肥。具体的方法就是通过测试，你会发现很多食物对你的身体没有好处，所以你可以决定不再吃这些东西了。经过调查，这种减肥方法的有效率高达70%。

  当然，在测试之前我们要做一些尊重自己身体的事情，帮助身体消除掉潜意识里的反抗，不然肌肉就可能会作出虚假的反应。在消除潜意识的反抗时，可以不断问自己的身体："我可以问这个问题吗？"然后自己给出回答："当然可以了！"以此暗示来解除潜意识的戒备。随后你就可以请助手或朋友给出具体事物的刺激（可以是预先设定好的），然后仔细倾听身体所给予的反馈，感受自己身体肌肉的微妙反应，同时用心灵来检验一下自己到底是不是真的喜欢这件事情就可以了。

其实肌肉测试法是我们拥有第六感的证明,好好地利用它吧,我们会发现,自己的第六感会变得越来越强烈。

第二十八周
学会爱与被爱,感受心灵的力量

爱与被爱是相互的,都是生命中所不可或缺的,我们应该学会爱与被爱,毫不吝啬地给予他人爱,通过欣赏、赞美等善良慷慨的方式,爱所有我们可以去爱的事物。

然后就是敞开自己的心扉去期待爱、接纳爱。可能别人爱我们的方式多种多样,但我们都要抱着感恩的心去对待。哪怕只是人家一句小小的赞美,我们也应该接受并认真地感谢。如果有人主动提出帮助,我们也应该痛快地接受并确认这份爱。

爱与被爱的等同,往往是最令人愉悦的。当然,除了爱他人、被他人爱之外,我们更要学会爱自己,在困了、累了的时候对自己好一些,小睡片刻,让自己更加轻松。同时,学会自我欣赏,自己也会变得更加可爱。用一周的时间为自己做三件事吧,这三件事要有爱,并且用心灵深刻地去体会。再区别一下爱与被爱之间是否有不同,如果发现二者程度有区别,那么我们要做的是调整好心态,努力缩小这种差距。现在,我们已经可以在生活中感受心灵的力量了。